李韓玲的舒壓札記

從滋養心靈至調理身體的養生心得

天然美顏養生專家
李韓玲 著

萬里機構

自序：抓緊自己的陽光

大部分人以為長壽的秘訣是運動。原來錯了。一項調查顯示在八大項的長壽習慣中，運動只是排第八。那麼，哪一個是榜首呢？不妨從尾倒數：八，運動；七，每星期吃兩次魚；六，每星期吃三次粗糧；五，每天喝足夠的水；四，每日食一個雞蛋；三，每餐吃八分飽；二，充足睡眠；一，心情愉快。各位，一個長期心情沉重、過度緊張的人，怎麼會長命呢？因為負面情緒必然導致內分泌失調，結果就是周身病痛、無名腫毒、未老先衰。

要活得健康又青春長駐皮光肉滑，首要的功課是必須永遠保持心情開朗。這不是一件容易的事，你必須要培養自己有很高的EQ（情緒商數），把得失贏輸看得雲淡風輕。

我不怕老，因為能夠享有高齡是一個祝福。但我怕老來多病又行動不便，成了人家的十字架。彼此都在活受罪，容顏枯槁更不在話下。

所以精神健康比甚麼都重要。因此特別請來十四位在不同行業中擔任不同崗位的好朋友親自撰寫有關精神健康的培養方法，並與各位分享他們積極人生的心得。這些EQ特佳的作者們包括了香港中華煤氣有限公司的常務董事陳永堅先生、City Super集團總裁鄔嘉華先生、經濟學家、倫理神學家、音樂家、耶穌會會士Stephan Rothlin神父、香港消費者委員會總幹事黃鳳嫻女士、黎炳民醫生（X光診斷科）、李兆華醫生（精神科）、潘佩璆醫生（精神科）、銀行家葉若林等等。

出版這本書的目的，就是與大家一齊向高人學習如何減壓、如何處變不驚、如何開心過日子、如何學習知足不強求。要養生要靚到九十歲？原來學習擁有正能量是重要的一課。

目錄

CHAPTER 2 亮麗人生，食療與運動

CHAPTER 3
愛自己，好好生活

CHAPTER 1

樂於分享，促進精神健康

精神健康比甚麼都重要！

在生活的鍛煉中，發覺活得開心、活得自在、懂得舒壓，是最好的護膚品。

為此，特別邀請精神科醫生、企業話事人、心理學家、在大機構工作的年輕俊彥、教授、神父等，與大家分享他們有關精神健康的培養方法，並與各位分享他們積極人生的心得。

正念與靜坐——性格改變命運

鄔嘉華

City Super 集團總裁

在香港出生長大，在美國東俄勒岡州立大學獲得國際商業學位，並曾留學於法國及日本。擁有豐富的零售業經驗。加入 City Super 集團前，他曾任職於西武百貨的東京及香港店，又曾於國際羊毛局工作。他自二〇〇二年起出任 City Super 集團總裁，負責管理香港、上海及台灣的業務發展。

歷史上我們用 B.C.（Before Christ）來分隔耶穌出生前與後的兩個時代。在我的歷史裏也許可以用 B.M. 來分隔我人生的兩個階段。B.M. 是指 Before Mindfulness（即是指學習正念生活前與正念生活後的人生）。對，我的人生的確可以用學會正念及靜坐前與後作為一個分水嶺。我是在大約八年前開始學習正念與靜坐，自此，從不間斷地修煉。

認識正念與靜坐前的我，剛好活了五十年。回顧這五十年的人生，跟每個人一樣，都有喜怒哀樂。生活就像一齣長篇連續劇，每天都在上演不同的劇情（drama）。總是糾纏於沒完沒了的糾紛中。在工作上，跟同事、下屬、上司、生意夥伴；要嘛別人說的話不合我意，或是別人做的事與我的期望有落差；又或是事情的發展或結果未如理想。在家庭，或朋友間也一樣，動不動就是你一言我一語，吵個不停；又或是冷戰相對。每天都在追求名與利，飲食應酬。情緒就像是過山車一般，大上大落。雖然也有快樂歡愉的時刻，但不知怎的，心情總是患得患失，周旋於憂慮與恐懼之間。

修習靜坐之後，學懂了在呼氣與吸氣之間，慢慢地把紛亂的心情調整；讓停不了的雜念，可以有喘息的空間。在學習正念的過程中，我有驚天的發現，原來令我感到煩惱、憤怒的不是因為那些我討厭的人與事；而是自己的心念在作怪。令我產生正面或負面情緒的並不是外在所發生的事情，而是內在心念的反應。以前遇到不喜歡的人，老是想如果這個人離開就好了，或是想不如自己離開吧，再也不用面對。結果是就算這個人真的離開了，很快又有另一個讓我討厭的人出現。我活了五十年後才發現問題不在外面，內心才是元兇！

正念的重點在於修心，要活在當下。即是訓練自己的注意力回到當下，避免胡思亂想及被情緒牽着走。靜坐是修習正念的主要工具之一。每天修習靜坐，讓真正的我看到自己的思緒，使我能夠在負面情緒出現時，馬上察覺它，在情緒爆發之前會得用平等心，平常心，把它送走。經過不斷的鍛煉，慢慢地發覺自己發脾氣的次數比以前少了許多。負面情緒少了，煩惱就自然少了，隨之正面的能量也提高了。身邊的人與事都變得更正面了。

有了正念的生活態度，無論外在的世界如何惡劣，重點是我們內在心念如何面對，我們再也不用活在惶恐中。心態改變行為，行為改變習慣，習慣改變性格，性格改變命運。正念可以幫助我們改變自己的心態，讓我們的生命回到平靜與安定。共勉之。

G = I X I

陳永堅

香港中華煤氣有限公司（煤氣公司）常務董事

畢業於香港大學，主修機械工程及工業工程。獲理學學士及碩士學位。自一九九七年五月起出任香港中華煤氣有限公司（煤氣公司）常務董事。

陳永堅最初從事製造業並在工程、生產、市務推廣、服務方面取得驕人成績。在本地和跨國公司累積了豐富的行政管理經驗。煤氣公司在其領導下衝出香港，由一家經營管道燃氣業務的香港本土公司，成為一家業務遍佈全國的多元化企業。

甫一踏進煤氣公司總部的大堂，訪客都會被掛在牆上偌大但簡單的方程式G＝I×I所吸引，好奇這寥寥幾個字母代表甚麼，有何含義，陪同的煤氣同事則會為此娓娓道來。

「G代表Growth，第一個I是Innovation，而第二個I則是Implementation。」簡易來説，業務之增長取決於創新力和執行力之有機結合，這在過去五年間已成為煤氣公司的座右銘，全員皆認識並領略到其中之含義。

企業之發展，猶如一台在公路上前行的汽車，偶爾要攀山爬坡，偶爾亦要跨越坎坑。車子的前行動力源於發動機，帶動輪子向前邁進，假如缺乏燃料注入，發動機就會失卻應有之動力，車子行走乏力，更遑論爬坡越坎了。相反，如果動力充沛，但輪子的軸承不順滑，或輪胎洩氣，甚至爆「呔」，則會拖車身之後腿，前行舉「步」維艱。

在能源行業，二〇一五年各國於巴黎協定達成共識，協力減少碳排放，制定未來三十至四十年間碳中和的目標；加上近年訊息化、大數據、人工智慧等技術的廣泛應用，使智慧能源、可再生能源、生物質能及達到零排放之氫能等能源嶄露頭角，成為極富商機的新興產業。在這場二十一世紀能源大革命的浪潮之中，企業要把握先機，積極投資於創新科技的研發；而研發成功的專利技術，還需要材優幹濟的執行團隊，包括工程、財務、營銷、維修、行政等協拍而行，才可實現理想之成果。我們對 G＝I X I 又有了更深一層之體現。

我想 G＝I X I，可以應用於企業發展之道，對於年青人思考他們成長（Growth）之路，亦應是有所啟迪。特別是在大環境不利之情況下，例如面臨新冠疫情帶來之經濟不景、失業率高企、企業倒閉等等挫折，更加需要創新和執行。疫情令眾多行業受影響，且起着結構性之改變，企業要生存，便要創新、改革，且要坐言起行，切實執行，才能走出幽谷，重振旗鼓。年青人如遭遇到挫折，請不要怨天尤人，千萬不要氣餒，要多給自己正能量，多動腦筋多思考，跳出盒子找新出路，亦要敢於實踐，勇於面對挑戰，接受鍛煉，創意才能得以實現。

人生也是如此。

抽離。演活真實的自己

葉若林
投資銀行家
任職於跨國美資投資銀行投資銀行部，負責亞太區科技與互聯網企業收購合併與上市融資業務，並曾於多家私募基金負責投資工作。美國康奈爾大學商學院 MBA 工商管理碩士，本科畢業於美國聖母大學，並獲得 CFA 特許金融分析師資格。

幾年前的一套日劇《逃避雖可恥但有用》在全亞洲熱播，風頭一時無兩；其中女主角的可愛直率，男主角的憨厚認真，舉手投足都充滿魅力，很難不讓一眾觀眾看畢即內心融化。這套電視劇帶來的迴響大，除了優秀的劇本與演員的演技外，還有劇集主題所引起的啟發，即是當生活遇到各種煩惱時，逃避是否合適？專家和社會賢達們都一直教導我們，遇到問題時要正面面對，找正向的方法來排解壓力，逃避並不能解決問題。

道理很淺白，大家都懂得，可是真的那麼容易做到嗎？在香港工作，在香港生活，步伐急促，爭分奪秒，生怕每段時間一過機會就會瞬間從指間流走。而且，我們每個人不單是自己的電視劇裏面的男女主角，還要一人分飾幾個角色，滿足所有觀眾對你這套「港劇」的期望。面對你的父親，你必需演繹好孝順兒子的角色；面對你的女朋友，你必需演繹好善解人意的男朋友的角色；面對你的同事，劇本已經把你的角色定為一個既要「接地氣」了解國情又不能不保持最高專業水平的員工；連作為一個市民，現在也有一個既定劇本，對白可不能亂來。那麼多的角色要向導演、編劇和觀眾交代，又不能逃避演員的角色，心靈能健康到哪裏去？

為了保持心靈健康，有些人會通過運動、音樂、購物或各種方法來排解生活中的壓力，可是如果有一天自己不再需要演活別人為你安排的角色，從自己抽離，讓自己任意當一個你想當的角色，遨遊天際，體驗另類甚至荒誕的生活，這會否是另一種「逃避雖可恥但有用」的平衡身心方法？

世界各地的博物館都是我從自身抽離後的容身之所，一切你所希望經歷的歷史情景，皆能在你面前從新栩栩如生地呈現。在龐貝古城遺址裏，我可以成為古羅馬帝國的貴族，過着縱慾的生活，最後卻要親眼目睹鄰居化成灰燼。在馬德里的普拉多美術館內，我可以近距離與浪漫主義的哥雅對話，詢問他如何能為漂亮的馬克姑娘用畫筆設計鮮艷的衣裳的同時，亦能陪伴他渡過耳聾後只能作黑色畫作的黑暗時期。就算在鄰近的尖沙咀歷史博物館，我們也能重新遇上我們的祖父輩一起經歷香港的工業起飛，喝着昔日香港製造的樽裝啤酒。在博物館內，我不再是自己那套沒趣的港劇的主角，而是能在只屬於自己的空間內，自由自在演繹我喜愛的角色。我愛這種不羈的逃離，享受那短暫的快感。

抽離可能是逃避，但短暫的逃避卻不一定可恥，更有可能有助於身心健康，讓疲憊的心靈得到喘息的空間，待身心都有足夠的力量時再去合宜地處理自己的問題。願我們每個人都能找到自己的方式，學懂適時抽離眾多累人的角色，演活真正的「自己」。對我來說，儘管窗外是商業世界的腥風血雨，窗內的我仍然是個對美的探索與堅持的人。

和音樂來個約會

林光汶
香港大學李嘉誠醫學院行政副院長、公共衛生教授

晨曦微露，輕快的巴哈《G大調第一號無伴奏大提琴組曲》悠揚地傳入我的耳朵，預示了這是美好的一天。

我是音樂愛好者，從小在愛好京戲的外祖父耳濡目染下，引領我踏進音樂世界的殿堂。從學習彈奏鋼琴到長大後經常出席演奏會，我一直有機會親炙和享受音樂這超越國籍與文化的大同語言，讓從事公共衛生研究及教育的我開拓更廣闊的領域，受用一生。

音樂能陶冶性情，有益身心，已是廣為人知的好處。在古希臘神話中，醫藥之神阿波羅就會用歌曲和音樂治療心靈的疾病；在十三世紀的阿拉伯醫院，相傳也為病人設立音樂室；就連美洲土著也會以載歌載舞來治病。但身為公共衛生教

育家，我認為音樂不單有益於個人的身心健康，更有助建立和諧的社會。根據神經科學的不同研究結果，已證實音樂對人類腦部發展有良好影響：幼童透過音樂遊戲來學習節奏、拍子，可以提高腦部和四肢的協調能力。此外，小朋友學習樂器，需要持續練習才會進步，有助建立生活紀律。參加合唱團、中西樂團、聖詩班甚至「夾band」的話，也可以學習和別人相處及培養團隊精神。近年醫學界積極推廣的音樂治療，也是透過音樂，加強病人的溝通、社交、認知與情緒管理能力，促進他們身心安康。我們都知道，良好的個人生活紀律、情緒管理、人際關係和團隊精神等，已是今天立足社會的必備技能，如果社會上大多數人都能欣賞音樂，人與人之間因情緒或壓力而造成的衝突勢必減少，不是對社會更有裨益嗎？何況我們聞歌起舞、手舞足蹈的時候，也是一種很不錯的運動鍛煉呢！

有時候，工作或生活上一些瑣事會令我情緒起伏，甚至頭腦不清晰。這時候，來一曲蕭邦的《第一鋼琴協奏曲第三樂章：輪旋曲》，隨着樂曲的推進，節奏的高高低低，慢慢地，一呼一吸變得張弛有度，心情也平靜起來。另一位偉大的音樂家莫扎特，他的樂曲有淨化心靈的神奇功效，適合忙碌一天之後在回家路上聽。就像節奏輕快的《鋼琴奏鳴曲第11號A大調》，包管你一聽就喜歡。還有貝多芬在創作上貫注了他強烈澎湃的感情，所以他的交響樂曲感染力強，《第九交響曲》的第四樂章《歡樂頌》尤其深入民心。貝多芬在這樂章中加入了獨唱和合唱，是第一位在交響樂採用人聲的作曲家。同時，合唱歌詞由德國著名詩人席勒（Friedrich Schiller）的作品《歡樂頌》部分詩句改編而成，表達了自由、平等和博愛的精神，使這首樂曲更加膾炙人口。

我們面對新冠肺炎的威脅，更需要以音樂和關愛來促進精神健康。不少音樂家在社交媒體上無私分享他們的演奏，讓乖乖留在家中抗疫的我們得到撫慰，繃緊的情緒得以放鬆。例如我很欣賞的大提琴家馬友友先生，早前在接種疫苗後的休息時段，即席演奏了舒伯特的*Ave Maria*，溫暖了在場人士的心。在台北的慈濟醫院，也有室樂隊演奏中、西樂曲，紓緩住院病人和照顧者的不安與焦慮。很多地方也有組織合唱團和樂團，經常在社區演出，對凝聚人心、建設社區貢獻良多，像「音樂之都」維也納的少年合唱團，成立至今已逾五百年，就是典型的例子。

最近我出席了一位女鋼琴演奏家的獨奏會，兩個多小時的表演讓我沉浸在優美的音樂世界中，忘卻外界紛擾。她的彈奏充滿張力和感情，原來因為她患上了不治之症（多發性硬化症Multiple Sclerosis），就像傾力將自己不向疾病屈服的心情，透過雙手和音符，娓娓向聽眾傾訴。這種充滿激情的自我表達，同時能夠引起聽眾共鳴與思考，就是音樂的力量。

要懂笑，懂愛自己

黃鳳嫺

消費者委員會總幹事

黃鳳嫺女士現職香港消費者委員會總幹事，除監督消委會運作外，亦負責制定消委會的政策及長遠計劃，保障消費者權益。黃女士亦是國際消費者聯會（國際消聯）的副會長。國際消聯是全球消費者組織的聯盟，其成員共有二百個都是來自一百個國家的消費者組織。

黃女士於香港中文大學工商管理學士畢業，其後於加拿大西安大略大學商業學院取得工商管理碩士榮銜。

不經不覺已當上管理層多年，日常與同事除討論公事，私下聊天往往也會談及他們家中發生的事情和情緒上的困擾。而令他們吃不下，睡不甜的很多時都是

因為生活上的不如意事或經濟和家庭關係出現了問題。例如為子女的學業憂心、與伴侶關係不佳、父母身體出現毛病等。

然而，多年聆聽心聲的經驗告訴我，人與人之間的情緒管理和處理問題的能力實在可以十分懸殊。亦因為這分別，會影響到他們最終能否有駕馭人生的智慧。而我應用多年的小錦囊在這些私聊時亦大派用場。

我首先告訴他們是不論面對任何困難，首要任務是要學懂好好愛惜自己，勞碌的生活中總要花點時間怡養身體和心神，為自己減減壓，而我的習慣是盡量每天靜坐一會或練習太極。我認為每人都有自己的法門，只要是正面和自己感到有興趣的便挑一個方法先試試。例如有朋友愛製作麵包和糕點消耗負能量，三五良朋定時跑跑馬拉松或聽聽音樂。

第二錦囊是要學習不要整天為生活中一些瑣碎事滴汗，例如上班的路途中遇到不禮貌的人、忘了帶手機、兒子考試不合格、傭人與母親無端端吵架等等。這些在地球每一角落時有發生的事情可以令你懊惱上半天，變得面黑臉長；因而不自覺的跟人家説話時永遠舌頭總愛帶了刺，語不傷人不罷休，骨子裏原來只是求一時發洩的痛快。我真心奉勸大家不要花無謂的精力為這些事情冒汗上火，而我所分享的心得是以「一笑解萬憂」的態度處之。每天感到懊惱上火前最好馬上先笑一笑，笑是不費分毫，但人人皆擁有的解火心靈丹藥。

我們的壓力，來自不知足

黎炳民
X光診斷科專科醫生
畢業於香港大學醫學院。目前是私人執業。黎醫生是英國皇家攝影學會會士，也是作家。暢銷作品有《幸福人生：一位X光醫生的分享》。

幸福人生的心態與修煉：

一、身體健康

健康身體需要治未病，在疾病未發之時該及早發現，防範未燃。

所以四十歲開始要定期檢查身體、飲食要有節制、做運動、懂得腹部呼吸及充足睡眠。例如：每日做深蹲等運動加強腹部肌肉的結實；戒除酗酒、食煙等的壞習慣。

二、心理健康

培養健康的心態需要有自制力、懂得減壓和控制情緒。有正向及樂觀的思想、懂得感恩。學習接受逆境、歡迎逆境、專注克服困難。要明白每次逆境都是一個給我們學習堅強的機會。

要接納人誰無過、知錯能改。要學習接納孤獨並懂得適可而止。

對付心理壓力有兩種方法，第一是積極面對挑戰及困難；平日要有危機意識，萬一危機真的發生，才不致徬徨無策六神無主。第二是透過良好嗜好以驅除無聊、紓緩壓力並藉以細嚐人生的一切高低起伏。

三、靈性智慧的成長

我認為快樂是人生的意義和目的，是人類生存的終極目標，無時無刻都要保持自己的幸福指數在七十分以上。

知足是幸福的泉源，冥想是通往幸福人生的鑰匙；閱讀能增廣見聞，加上思考之後活用這些知識便是智慧。

四、愛與被愛

愛是去尊重、關懷和信任

先學習自愛，善待自己，做自己的好朋友，然後才曉得去珍惜眼前人。

五、人際關係

學習與人和洽相處，培養自己的慈悲、仁愛和寬容心，以及同理心。

六、協助建立和諧的社會環境

我們都知道人不可以獨立生存，必需要大家互相幫助、同舟共濟、守規守矩，才能和諧共存。

七、財富的意義

真正的財富，是你能惬意地以自己的方式過自己想要的生活。知足常樂，何壓力之有？

在一生中，事業對一個人的安全感是十分重要。工作時間已經佔人生的一半或以上，所以認識自我找對自己的終生事業，樂在其中。最後又該有智慧去幫自己安排一個合適的退休計劃，人生便十分圓滿。

「生活」之上要「快活」

利嘉敏
香港中文大學新聞與傳播學院副教授

曾獲香港中文大學校長模範教學獎和社會科學院模範教學獎，早年在加拿大主修心理學，並考獲傳播學博士學位。暢銷書有《公關第一天課》、《公關智商》等。目前也是《香港經濟日報》專欄作家。

賞心悦目之美人美事，誰不愛看？我發現，無論男女，能有吸睛耐看魅力的，都有一個共通點，就是氣場好，從內而外散發一種正面思維。這種思維反映一個人的心理狀態和精神健康，這才是一個人的魅力所在。一個人即使五官標緻，但若終日鬱悶彆扭像林黛玉，是很難真正美起來的。所謂「相由心生」，心地不好、立心不良的人固然形諸於外「有樣睇」，但這個「心」和「相」也泛指一個人內裏的精氣神和外在的相貌格之關係。這是一個 holistic package（整體的套件），的而且確，很難會有一個人內在精神萎靡而令人覺得其外觀是美不勝收的。所以對我個人來說，要美，單靠外在起勢敷這塗那是不夠的，必定要內外夾「功」（好好做功夫的功），方能事半功倍。

況且人到中年，健康尤其重要，我很認同日本小說家武者小路實篤的說法：「對人生來說，健康並不是目的，但它是第一個條件。」是，沒有健康這個先決條件和本錢，其他一切都只會變得無能為力。如何在人生下半場活得內外都神采飛揚？那是一個值得不斷探索的問題。

關於一個人的心理健康與身體狀態之關係，西方有 psychosomatic medicine 學派（心身醫學），專門研究心理及社會因素如何與身體疾病有密切關係，其立論假設是「心理因素」會造成「身體疾病」，例如：一個人的情緒問題可能會令他陷入無助（helpless）、無望（hopeless）或述情障礙（alexithymia）當中，而這樣的一個心理狀態，從心身醫學的角度去看，必會造成生理上的器質性病變。再看中醫典故，甚至比西方醫學更早提出人的情志與五臟之密切關係。《黃帝內經》中的「怒傷肝、喜傷心、思傷脾、憂傷肺、恐傷腎」之說法，不就是一早已向我們透露了要養生就要養好心（心理和心靈）之奧秘嗎？

在過去兩年，我們或多或少都經歷過憂、恐、思、怒、愁、煩、悲等之情緒，但人必須往前走向前望，與其終日掛住副苦瓜乾悲情面口，影響市容和面容之餘，更影響自身健康，何苦？大環境如何，由不得我；但我們身心靈的小環境，絕對是自己可掌握。用甚麼心態去活，是自己的選擇，無論環境和氛圍如何，人總還是要好好活下去，若能在「生活」之上，加上「快活」，那才對得起我們的中年人生。

我沒有甚麼驚世秘方，此處只分享少少個人心得：

一、心態最重要，一個人立志人生下半場要開心快活、拒絕苦瓜乾面容，那份氣場勢不可擋；所以可以大笑時不要只微笑，可以微笑時就不要忍笑，總之可以笑時就盡情笑！

二、萬物都有共振關係互相影響，物以類聚，遠離負能量，多與正面開朗朋友相聚。

三、自己身體自己顧，堅持生活如常，規律作息，多飲水，多做運動。

四、當世界「唔多靚」的時候，自己更要加倍保持身心靈繼續靚，正所謂「越爛的牌越要俾心機打」。

五、人的情緒難免有起伏，心情鬱悶時，不要宅在家，更要將自己打扮得精神奕奕，出門行一轉也好，約朋友見面也好，就是要把自己從自閉低潮的狀態中抽離。哈佛商學院社會心理學教授 Amy Cuddy 的研究很具啟發，她證實人類會透過觀察自己外在之行為，去告訴自己是一個怎樣的狀態。換句話說，當我們容許自己不修邊幅、沒精打采時，我們下意識就會透過觀察告訴自己，自己實在活得相當不如意。所以，越心情不好，越要把自己整理得齊齊整整、精神奕奕，然後把自己抽離那個令人腌悶場景；你會發現，若自己肯踏出這第一步，心情會不知不覺地好起來。心轉則境轉，久而久之，美人美事也會被你的好心情、正能量「吸」回來。

身處大時代，我們或於各方面都遇上從未想像過的挑戰；但香港人血脈裏有種韌力基因，「洩氣」從不在我們的字典裏。越感覺身在霧霾，就越要好好調息自己的身心靈，慢慢逐步走，一步一世界；而且，還要帶着微笑的、靚靚的，一步一步走下去。

蚊．心．壓力

徐詠璇

香港大學協理副校長、《信報》專欄作家

著有《情義之都》一書，透析從大學到香港社會的捐贈傳統、文化底蘊和歷史使命。獲國際組織 C.A.S.E 亞太區傑出服務獎，以表彰其對慈善領域的貢獻。港大文學士及哲學碩士，主修戲劇。中學畢業於拔萃女書院。

整件事的緣起，是我早上叫苦：「工作很煩壓力很大，怎辦？」「來一個 Xanga 年代的純文字 post！」三十出頭的年青朋友，把這篇文字張狂的放在 IG，看看會有甚麼反響？他說：「寫 IG 不能用白話，太膠！不得不用口語。」Xanga 是 Facebook 以前的世紀。現在大家只看圖不看字了。這篇文，考 DSE 中文會不會合格？（注意，「訓」為「瞓」之誤）——

「快速入睡一直都係我嘅強項。可這一晚，房間嘅蚊一直纏繞着我。

好不容易將佢消滅，再嘗試入睡時，發現蚊不只一隻，心知不妙。

我一直扮訓着，佢一直唔出現。

在這個長期拉鋸的時段，發覺時間已經係凌晨三點，頭腦不自覺會想起畢業的自己，似是昨天的事，但剎那之間已經係多年後既今天；投身社會後一直拼搏，一直探索，連繫到身邊的人和事；有達成的目標，也有失去的光陰。再努力的你，都買不到時間；總會有喜悅嘅時間，亦都有無力嘅時間。

這個百感交集嘅衝擊下，當晚幾乎沒睡。

聽到這裏，朋友如此作結：纏繞你的，不是你房間嘅蚊，而是你嘅心。

雜念？難道係心中嘅蚊？

如此佛系的回應，令我想起IFC張智霖經常引用的一句：一切有為法，如露亦如電。

蚊留喺房入邊，最後出廳訓。」

問我怎樣評價他的小文？

我的評語是：「佛系。情真意真。」

最禪一句，比沈三白寫蚊子更有感覺——

蚊子留在房裏，我去廳睡去。

修煉「超能力」

馬嘉汶

任職資產管理公司私人銀行分銷部。畢業於香港中文大學心理學學系，現於香港大學修讀社會科學碩士（精神健康）。自二〇一五年起參與香港心理衛生會義工服務，現時為葵涌醫院義工小組組長。

讀心理學的同學們，時常被人問：「你知道我在想甚麼嗎？」然後，我們往往笑言道我怎會知道呢?!大概有着對人的好奇，相比其他人，我們總會有多點觀察，了解之餘也給予同理心，歸納所知所聽。久而久之，被誤以為擁有能看穿別人的「超能力」。

培訓這種「超能力」，起初我和其他人想法一樣，以為「讀」心理學就能理想達到。哪知道，原來閱人讀心，除望、聞、問、切之外，還得涉及個人修行，才能助己助人。且說個人修行，如何在日常生活中練習呢？在保持精神健康上，我們可以運用五常法來認識自己，尤其是在控制情緒、了解思想模式和尋找正能量方面中有所得益。

在情緒管理上，我們可以學習察覺和掌握身體的變化。例如在面紅耳赤、怒火即將一發不可收拾的時候，我們可以留意當刻身體狀況的改變，是否每次發脾氣時都有發熱、心跳加速和肌肉繃緊的感覺？如是者，這些訊息其實都在提醒我們，此刻需要停一停，想一想，深呼吸一下來保持冷靜。

當遇上不順心的事情，你的即時想法是甚麼呢？是怨天尤人，還是鑽牛角尖，認為只有一種做法、一個答案而感到不快？假如能夠留意到自己慣性的思考方法，可以嘗試反問自己，一定是某人的錯嗎？只有一種方法解決嗎？我的要求合理嗎等等。也可以嘗試改變應對的方法，看看當中的阻滯是否源於自己的執着，結果可能出人意表。

我們時常認為，事情必須是立刻決定或即時作出反應，其實不然。時限固然存在，但是若然思緒混亂，或是充斥太多負面的想法而大有可能做錯決定，倒不如花點時間放空一下，分散注意力，做點令你開心或放鬆的事情，待會兒才再決定吧！

在自我認識和提醒的過程中，不知道你能否找到一些屬於自己的金句呢？有人說「天生我才必有用」、「活在當下」，亦有人引述梁啟超先生所說「苦樂全在主觀的心」。人生中大概總有一兩句名言能觸動你的心靈，在迷失時為你點燈。

話說回來，筆者再接再厲，修讀精神健康課程。這回更學懂了好好了解和認識自己的經歷、信念和規條，放下自身成見去接納和聆聽別人，繼續向「超能力」進發。

成長的功課

人生路上的點點滴滴，獲取的教訓和經驗，成就了我們是何許人。停一停，想一想，你真的了解過往的經歷對你的改變和衝擊嗎？你可以坦蕩蕩地面對從前和現在的你嗎？

成長以後，我們大概都忽略了，原來還欠交一份好好認識自己的功課。當生活中一些不順心的事突如其來，例如是工作上的壓力、家人之間的矛盾、感情路上遇到挫折、活着的無力感等，令你感到難過，不知如何是好。若能對自己有深入的了解，就能更好好管理情緒，面對困境並尋求改變。

說來奇怪，難道我不就是最明白自己的人嗎？都市人忙得很，沒有多餘的時間整理思緒，便匆匆迎接下一個難題。試想想，你哪個時候會容易發怒或情緒低落、甚麼事情會觸動你的神經？過去哪些經歷令你特別難忘？為甚麼有些人、有些事你不願提起？你對甚麼事情特別執着嗎？不順心的背後是否存在些不許改動的想法和規則而令自己喘不過氣來？

譬方說，朋友相信助人為快樂之本，在工作上有求必應，俗語所說的「Yes man」。但是工作量的增加，再加上同事不斷的請求已令他吃不消，壓力大得輾轉失眠。他開始困惑，他已很努力的幫忙，為何這沒有令他感到更快樂，只有帶來更多的疲憊。

和他交談下發現，朋友其實很在乎同事對他的看法，認為在工作上能幫助他們、迎合他們的需求才是有價值的一員。因此，即使是常常加班工作至夜深，他也一定不能拒絕同事的請求。這些「一定答應」的想法，令他一次又一次接下別人的工作而痛苦非常，身體也漸漸承受不了。原以為會更快樂的他，結果愈幫忙愈失落。

朋友開始察覺他只管着助人為樂，沒有衡量自己的時間、能力和資源上能否應付更多其他工作。究竟有價值是否等於替同事做好他們的工作，而犧牲自己的作息時間？回到最初的起點，到底他是否感到快樂？這種深切體會促使他明白，他想要的快樂和同事的肯定，不一定要透過犧牲自己、不斷的付出才能得到。放寬這些「一定」規則和執着，給予自己變通的空間，也許有天會發現，與同事之間互相幫助，適時表達自己所需，反而更快樂。

靜下來的時候，不妨想想你如何蛻變成今天的「你」。過去曾經迷失，是甚麼令你找回方向；抑或是今天惆悵茫然，是甚麼令你停滯不前。這些苦痛得失，均記錄在成長的功課中，在以後的日子為你加持。

走出圍城

李兆華

精神科顧問醫生

畢業於香港大學醫學院。

平日酷愛寫作，作品有《戰後香港精神科口述歷史》。

朋友問我，COVID-19對社會的影響大嗎？我說：「當然大。」

我是精神科顧問醫生，每天都要照顧數十位病人，其中有些病人受COVID-19的影響真的不少。例如：何女士今年五十歲。原籍山東。在新疆出生及長大的，書讀得很好。性格開朗，喜歡音樂、看書、瑜伽及跳舞，大學畢業後往深圳發展。一九九六年，結識了她的丈夫，他是香港人，他們在一九九八年結婚，二〇〇三年她移居香港。他們沒有子女，她的親戚朋友都在新疆，在香港沒有朋友，幸好她參加過教會。在教會裏有幾個朋友。初來港時，在機場做清潔工。

二〇二〇年，機場因為COVID-19差不多全關閉，她失業了。同年冬天某日，她丈夫照常的在家吃完早餐後便離家上班。九點十五分丈夫公司來的電話，説他在公司突然昏迷，正在送往醫院途中。她趕忙去了急症室。因為COVID-19關係，她不能入去。丈夫於正午被轉送到病房，她還是不能見他。只可以隔着大窗見到仍然昏迷的丈夫。晚上八點半，丈夫病情急轉直下。在丈夫去世前的時刻，她才可以入去病房見丈夫最後一面。

她很傷心，並責怪自己。

之後，她經常失眠。太累時，她會睡，但總在半夜三點扎醒。她食不下嚥，經常哭。

她決定返回新疆，因為那裏有她的親人。在COVID-19肆虐下，她必須接受隔離。她給安置在一間很小的房間內，令她突然有種被禁閉的感覺，情緒很不安而且心跳厲害。當地的醫生給她安眠藥，雖然有效，但她還是很傷心。

二〇二一年三月她返回香港。在四月一個暖和的早上，她突然感覺呼吸困難，心跳加速、不安，好像快要死去。她便去了急症室求醫，醫院將她的病歷轉介了給我。

那天她在我的診症室訴說了前因後果。

我對她說：「妳的痛苦經歷我明白。妳有失眠，更有情緒的困擾。但這是必經的，可幸時間會治癒一切。」

她說：「不想吃藥，擔心要吃一世。」

我回答：「我不會勉強你，只是這些藥物都是現代文明的成果。你不吃，你會很辛苦，況且我不打算長期給你吃藥。今年年尾，我會停藥。」

她聽到吃藥只是一個過渡，便接受了下來。

跟着她說：「會再返回新疆。」

我說：「好啊！離開一下，離開這個圍城吧，對妳有幫助。」

我便寫了一封介紹信給她在當地的醫生。離開時，她說，你真好！你是一個人道的醫生。

大學生們，你們快樂嗎？

鄧日朗
香港大學行政人員、舍堂導師、香港公民教育委員會委員
畢業於香港大學社會科學系，主修政治及公共行政和社會政策。香港大學公共衛生碩士。

過去一年，究竟大學生活是怎樣的？根據港大精神醫學系去年一項調查發現，在社會動盪及疫情影響下，有超過百分之四十五的受訪二十四歲或以下的年輕人，呈現抑鬱及創傷後壓力的徵狀，遠比二十五歲以上的人嚴重。在這動盪時代，報章傳媒上提及大學生的都是與政治議題相關。除了政治，我們的大學生在疫情期間經歷了甚麼呢？

試想想，一班新生苦讀多年，終於考入大學，本應懷着興奮期盼去展開一場大學人生的探險之旅，一場疫症打亂了計劃。網上教學仍可以傳授知識，但欠缺了與同學和教授的思想撞擊、啟迪心靈的機會。文化活動和體育比賽也是因疫情而斷斷續續。就算想擔任學會幹事，校園沒有太多學生，拉不了票，也收集不了意見，更遑論與其他師生共同合作籌辦大型活動了。大部分同學都只能安在家中上堂，認識不到新的朋友。擴闊眼界和跨文化視野的機會呢？海外交流，實習也停止了，只能靠線上資源補足。

如果我們的年青人不快樂，在疫情挑戰下，我們能從旁疏導和同行嗎？從鬱悶，情緒低落，到出現情緒病，甚至結束生命，是有一段距離的。然而朋輩支援，親友體諒等，當中的介入工作絕對是舉足輕重。

記得以前跟舍堂新生分享，都會用上一個比喻：我們每個大學新鮮人就像茫茫大海的船，除了揚帆出海，海無邊，也絕非任你停。想不被風吹走，不被水流帶走，也要懂得找到地方下錨。大學四年每人都可以找到不同地方下錨，建立自己的朋輩圈子，互相扶持。

在此分享兩個有關大學生在疫情下建立朋輩支持的故事。近年少了學生選擇住宿舍，一來是居住環境改善（很多學生在家裏都有自己的房間），二是學業負擔較以往大，擔心應付不了宿舍的活動。想不到，一大部分實體的校園生活因疫情而消失，舍堂生活就成為了學生重要的體驗；更有不少同學因經常留家遙距上堂，覺得太悶，決定入住舍堂，入住人數更比前幾年多。在維持社交距離下，舍堂成為了讓同學能夠繼續互動、互相扶持、分享想法的地方，而我作為導師也有更多機會觀察到同學的精神狀態。

另一個故事是關於一間由港大學生創立的初創 -Gp。Gp 是學生社群平台，按照不同的大學分類，確保用家有共同背景及話題，更易開展對話和關係。疫情下，平台將同學的社交由線下轉到線上，新生也可以聯絡同一學院的同學和師兄師姐，彌補因為無法參與迎新營而失去的社交圈子。平台亦可連接虛擬及現實世界，讓同學不用獨自面對困境。

在這非一般的時代，建立朋輩支持對年青人的精神健康尤其重要。把握大學四年的黃金時間，找一輩子的朋友。

疫症帶來的機遇：邁向身心健康的生活方式

羅世範（Fr. Stephan Rothlin S.J.）
耶穌會會士、經濟學博士、作家、鋼琴家、公司總裁。目前是澳門利氏學社社長，北京羅世力國際管理諮詢有限公司總裁

新冠肺炎剛好爆發了一年，在這一年間，我像隱修士一樣困居在澳門和北京。在為病人和亡者禱告的同時，也讓我養成了健康的生活習慣。有危就有機，目前正是反省、面對一切過往及今後的生活模式的好機會。

疫症爆發後，省去了我不少的旅行時間，在我成為神父這二十六年來，曾接受不少邀請到亞洲不同的地方教授商業倫理和有關基督教義的社會訓導。我去過

的地方包括中國、印度、印尼、日本、菲律賓、泰國、馬來西亞、新加坡以及北韓。對於一個耶穌會會士來說，穿梭於不同的國家是我們的志業，就如拉丁文所說的：“Nostra vocation est multas terras peragrare”。疫症帶來的旅遊限制，給予我一個認真地反省的機會，例如有哪些行程是必需的。另一方面，我如何不必出門，也可以利用互聯網和其他人溝通。

我認為健康人生應包括：

一、睡眠

睡個好覺。沒有甚麼比保持夜間至少七個小時的正常睡眠更寶貴的了。

二、正向思考

一位哲人說：「與其詛咒黑暗，不如燃點燭光」。是的，在看來絕望的情況下，如果能繼續保持對身邊事物看法的積極面，對我們的身心絕對有莫大的裨益。

三、定期運動

應該做更多的定期運動，或者至少定期去散步和遠足，現在開始為時未晚。

這些活動讓我們可以探索自然，欣賞山巒湖泊，途中往往會遇到一些友善的陌生人，他們的笑容就像沙漠中的清泉，這一切都會鼓勵我們多做運動。我個人非常喜歡慢跑，無論是沿着北京的古城牆，還是沿着澳門美麗的海邊和媽閣山。甚至每日的 sit-up 和掌上壓，都是無價寶。

四、冥想

我最享受並推薦的是每日半小時的冥想沉思。在不斷的噪音和巨大壓力下，疫情令我們有機會發現靜下心來冥想的可貴。在默想中，作為一個天主教修會的會士，我把自己的心思專注於一個單詞「耶穌」上。自一九八三年開始我就練習這種靜默的祈禱，對我而言，除了每天的彌撒，這樣的默想是我與被釘在十字架上和死後第三日復活的上主合而為一的最佳時刻。

五、聖經

是一本開啟智慧寶藏的書。是一本幫助我們洞悉人性的書。我最愛當中《聖詠集》的第一百五十篇〈大讚美歌〉。

1. 亞肋路亞！
請眾在上主的聖所讚美祂，
請眾在莊麗的蒼天讚美祂！
2. 請眾為了上主的豐功偉業而讚美祂，
請眾為了上主的無限偉大而讚美祂！
3. 請眾吹起號角讚美祂，
請眾彈琴奏瑟讚美祂！
4. 請眾敲鼓舞蹈讚美祂，
請眾拉絃吹笛讚美祂！
5. 請眾以聲洪的鐃鈸讚美祂，
請眾以響亮的鐃鈸讚美祂！
6. 一切有氣息的，請讚美上主！亞肋路亞。

六、音樂

疫情最珍貴的禮物之一，是它使我可以有更多時間去彈奏鋼琴，音樂是我五十多年來的樂趣也是生命的一部分。這一年令我有時間在澳門聖約瑟這間以巴洛克風格建築而成的聖堂彈奏管風琴，並體驗來自亞洲和歐洲的音樂傳統如何地相互充實，這令我感到十分雀躍。當您聆聽德布西（Claude Debussy）的*Estampes*，系列中的第一首作品*Pagodes*時，可以感受到他對亞洲文化和五聲調旋律的投入，確實令人感動。可是，沒有多少人可以像我一樣有機會在那雄偉的巴洛克式聖堂的管風琴上彈奏巴哈（Johann Sebastian Bach）、雷格（Max Reger）或伯提埃（Jacques Berthier）以感受「天主是如何的偉大」（格林霍普金斯）的了。

七、閱讀

我仍然希望能有更多的機會和時間去讀萬卷書。我最喜歡的美國作家奧斯特（Paul Auster，一九四七年出生於美國新澤西洲），他那本於二〇一七年出版的《4321》，共有一千零七十頁。天，這樣的巨著，誰有時間、精力去閱讀？但是，我完成了。他那種獨特的說故事方法，絕對是一次令人震驚的旅程，讓我們不僅對書中人物費格遜（Archibald Isaac Ferguson）的生命，也對美國近代歷史的起起伏伏有着不同的洞察。名作家馬龍·詹姆斯（Marlon James）提醒了我們堅持的重要性，他那本*A Brief History of Seven Killings*講的是一九七六年，牙買加七名槍手企圖謀殺雷鬼樂（Reggae）音樂超級巨星鮑勃·

馬利的故事。Marlon 的手稿曾遭受不同出版社的拒絕。但他鍥而不捨地向各出版社敲門。最終得以出版並在二〇一五年獲得在英語世界中最有江湖地位的布克獎（Booker Prize）。

八、幽默感

幽默感可以化解壓力、紓緩抑鬱。它是我們生活中的瑰寶。無論情況看來有多沮喪，幽默感的火花往往使它變得充滿曙光起來。

九、培養友誼

疫情使我們有機會認識到友誼的可貴。科技的確增加了許多通訊方式的選擇，但是否也同時幫助我們實現保持友誼長青的願望呢？真正的友誼是互相砥礪、互相扶持，分享彼此的感受和經驗，以及在焦慮和進退兩難的情況底下，可以找到一個傾訴的對象的。

翻譯：黃岐

吃藥，真是那麼可怕？

潘佩璆
精神科專科醫生

二戰後嬰兒潮的弄潮兒，畢業於香港大學。曾於香港、英國及紐西蘭行醫，先後在公立醫院、大學及私營醫療機構工作。愛好包括騎自行車、閱讀，以及在網絡社交平台上以文字分享見聞和觀點。

有些朋友看精神科醫生，但很抗拒吃藥；原因可能是藥物令人疲倦、健忘等等，是否有非藥物的治療？

確實有很多情緒病的患者很抗拒吃藥。究其原因，有以下幾個：

害怕藥物的「副作用」：老一代用於治療情緒病的藥，確實是蠻多副作用的。這些藥物可能令人昏昏欲睡、口乾、視力模糊、頭暈、便秘……總之副作用多多。然而在藥學家不斷努力下，過去三十多年，不斷有新的藥物面世。它們的療效與舊一代的藥不相伯仲，但副作用就少得多。新藥的出現，令更多病情比較輕的人也會選擇藥物治療，這確實是一大進步。不過即使副作用少，也不等於沒有副作用。有部分患者可能同時服用多種藥物，而劑量也比較大。在藥物交互影響下，產生了副作用。也有一些患者，本身害怕精神科藥物，在初次服用時就產生了「反安慰劑效應」（nocebo effect），就是當一個人對某些藥物帶有成見，害怕這些藥物會對他／她造成傷害；結果使用這些藥物後，果然就出現了一些藥物本來不會或極少產生的「副作用」。

害怕精神科藥物會成癮：有些精神科藥物，若長期使用，確實會令人產生依賴性。這類藥物主要包括鎮靜劑和安眠藥。但大多數精神科藥物都沒有依賴性，病者長期使用也不會上癮。不過話也得說回來，情緒病往往有復發的傾向，而藥物目前尚無法根治情緒病。因此如果患者在病情平服後中止服藥，就會面對復發的風險。這種情形，就像糖尿病、高血壓等內科疾病一樣——藥物能治病，但不能根治。這和成癮是截然不同的兩回事。

害怕藥物會控制自己的精神：有不少人能夠接受身體有病，可以用藥物醫治。但如果是精神某一方面出了問題呢？這就是另一回事了。對他們而言，情緒出問題要吃藥，等於承認自己無法控制自己的思想和情感，這是一種很可怕的感覺。因此他們十分抗拒吃精神科藥物，一定要自己用意志克服「心病」。

不相信自己有病：有部分患上嚴重情緒病的人，在病情影響下，會喪失病識感（insight）。他們即使有幻覺、妄想等嚴重精神病徵，也會覺得自己完全正常，無須求醫，也無須治療。也有一些病情較輕的患者，因為在內心深處無法接受自己患上情緒病，透過潛意識的「否認」機制（denial），令自己不覺得有病。

治療情緒病，除了藥物之外，當然也有其他方法。現簡述如下：

心理治療（psychotherapy）：不同種類的心理治療和心理輔導，都證明對情緒病有療效。目前較常用的心理治療方法包括認知行為治療法（cognitive behavioural therapy）、人際關係療法（interpersonal therapy）、悲傷治療（grief counselling）、精神動力學心理治療（psychodynamic psychotherapy）等等。心理治療須由受過訓練，精通該種心理治療法的心理學家、輔導員、醫生及其他專業人員進行。

物理治療：包括電休克治療（electroconvulsive therapy，簡稱 ECT）及經顱磁性刺激（transcranial magnetic stimulation，簡稱 TMS）。ECT 主要用於治療嚴重的情緒病。方法是全身麻醉後，向患者頭部施放微小的電流，以刺激腦細胞產生短暫的電壓變化，達至治療的效果。而 TMS 則無須麻醉，治療時向頭部施以磁力刺激，以取得療效。

其他輔助方法：運動可以改善情緒，是治療輕微情緒病的良方。與家人及知心朋友傾訴心事，或一同做一些有趣味的活動，也能令我們放下心頭的重擔。

其實我們的心靈，就有如我們的身體一樣，是可以出毛病的。我們應該對精神醫學持開放的態度，有病不要諱疾忌醫，要與醫療人員坦誠交流，說出自己的期望和憂慮。如果對治療有任何疑問，應該開心見誠說出來。讓大家一同找出最合適的治療方案。

開啟快樂之門，向健康人生進發

陳綺琪

私人執業中醫師

畢業於香港大學中醫藥學院，取得中醫全科學士學位以及香港大學精神醫學碩士學位。

容許我引用一段差不多每天都遇到的門診對話來打開今日主題。

陳醫師：今天精神挺好的，臉色都紅潤起來。

李小姐：唉！哪有！好煩惱！每天都很大壓力。

陳醫師：你覺得壓力源自哪裏？

李小姐：唉，太多了，又怕兒子找的工作太辛苦，大女兒拍拖又好像不太開心。

陳醫師：你自己呢？自己有甚麼開心事嗎？
李小姐：哪有甚麼開心事，他們好我就開心，現在都在擔心，又開始失眠和胃痛，真倒霉，都沒遇到好事，像跟他們一起長大的小玲，人家生活都上軌道了，多幸福。
陳醫師：那你自己有沒有跟朋友聚會散散心呢？
李小姐：有呀，上週跟 Eliza 去 high tea。
陳醫師：跟朋友去 high tea 不是很愉快的事嗎？
李小姐：哎呀，那倒真的，跟老朋友談天説地是挺開懷放鬆的。

這對話熟悉嗎？像你？像你父母？像你伴侶？像你朋友嗎？剛才我和李小姐的對話，換了你是我，你又會如何開解她呢？還是你也有一樣的問題？

無論你在社會上擔當甚麼角色，只要是人，就會遇到「痛苦」這個問題，痛苦局限了生理上的自由，連精神思想也變得狹隘，讓人眼前只看到痛苦，感到無能為力。其實退一步，李小姐也可以選擇放大自己的快樂瞬間，而非不斷強調自己的苦。

選擇快樂的兩個招式：

一、奪回自己的主導權

要比較，與自己比較：失戀，與其說浪費了一年青春，倒不如說比以前更清楚自己想要的是甚麼。

要和人比較，就要看到自己的優勢：沒有立刻考上大學，覺得自己讀書很差，不如趁這一年自修讀書加打工，這樣看，不是又比同年學生成熟、多點經驗嗎？

掌控狀況，不再無奈：「我只能坐在這裏聽他們講無聊的事，我都沒興趣。」變成「我可以從對話裏學到甚麼？」或是「我可以主動開一個我感興趣的話題一起聊啊。」

心甘情願，主動出擊：「還有兩年才畢業，怎麼捱下去？」變成「只剩兩年，我還能多學些甚麼？」

由「我都是被逼」變成「我想這樣做」，當你肯講出口，就會感到自己是有能力的，大腦就會分泌出開心荷爾蒙多巴胺，而不是讓人壓力爆煲的正腎上腺素。看診時遇到很多抑鬱症的病人，他們大都是肝氣鬱結的體質，陽氣不足，中醫角度就是身體裏面的能量被堵住、壓抑了，所以都不想動、沒精神、不夠氣、痰濕（多餘的水液）內生，喉嚨卡卡常有一顆像痰的東西不上不下，胃痛反酸，大便不爽，很不舒服。雖然有人單靠服抗抑鬱藥效果便很好，但有人則失去動力，誰也看到他就是無「神」，感覺沒有生命力。我都叫他們去跑步，散步也好；就像汽車死火，推它一下，開了個頭走了幾下，又動起來了，人也一樣。現代醫學做了很多研究也指出運動與抗抑鬱藥的功效居然不相上下，結合中藥、針灸也可以減低停藥後的復發率，效果更好。

二、每天寫出／講出今天值得感恩的三件事

隨身攜帶一本小冊子記錄你的小確幸，一點一滴累積感恩的心，不要 take it for granted。

自古以來中醫把人與心理看為不可分割的一體，要養生便要補精、養氣、守神。當中的「神」，是精神、意志、知覺、運動等一切生命活動的最高統領。《黃帝內經》有云：「神充則身強，神衰則身弱。」精神健康狀態良好才會有健全的身體功能。

最近社會問題加上肺炎肆虐，大大影響港人的身心健康；據醫院管理局估計，全港每七名市民，便有一位患上常見的精神障礙或疾病。以前在公營醫院中醫門診做臨床工作，雖然是普通科門診，但每天至少有三至四個精神狀態出現問題的病人。有時短短幾句話就觸動到傷心處飲泣起來，理由眾多：從家事到工作到感情事，無奈時間有限，輪侯看病的人太多，縱然想傾聽也無能為力。而且當時我還未讀精神醫學碩士課程，對於精神健康，我只能單單從中醫理論理解，難以將中醫療法與現代醫學對精神病的治則結合。現在接觸精神科病人越來越多，想起當年教授講到香港對精神健康問題的誤解還是很老套，包括認為思覺失調＝暴力（其實不然）。儘管在香港如此先進開明的地區也是如此，加上普遍華人對精神病的傳統想法就是充滿歧視，令患者與親友不敢面對。

試想如果樓下看更王伯有心臟病，現在每三個月複診、運動、服藥控制，大家可能會問候說：「王伯，心悸好一點沒有？記得有事隨時找我！」。但如果王伯是思覺失調，大家還敢不敢叫他有事找自己？同樣，當自己意識到精神出現障礙，會不會直接求醫？跟朋友同事講？大概可能有意無意地卻步了，這就涉及到洞察的問題，如果不了解預防精神病和精神健康的重要性，可能就會繼續選擇（沒有避免）容易患病的行為生活，而因病發發現得太遲而錯過最佳的治療時機。

CHAPTER 2

亮麗人生，食療與運動

養生食療和方法，其實都是隨手拈來。

不要小看一些看來微不足道的食材，你以為的廚餘如雪梨皮、薑皮，其實對身體大有裨益。蜂蜜、杞子、檸檬、黑豆等等，只要吃得其法，有美顏、強身、紓緩身心的功效。

日常的梳頭，只要用對梳子和方法，就會使全身氣血循環得更好、更暢順，可改善失眠的情況。

檸檬，延緩衰老的仙丹

讀者走上前來細聲問道：「Ling Ling姐，你說臨睡前抹一點蘆薈修護精華素，五分鐘後再用一片鮮檸檬全塊臉的擦一下，之後需要洗臉嗎？」我說不必再去洗臉，就這樣去睡覺就可以了。我反問她，「你用了嗎？」她點頭。我再問，「效果如何？」她開心地答道：「好好呀！塊臉又白又滑。我的同事都這樣讚我。」

我家裏一定有鮮檸檬。我每次到一家相熟的水果店買水果後，老闆因為知道我愛檸檬，是以每次都送我一個。我們家飲的是煲過的「凍滾水」，而我每次飲水前都會放一片檸檬在那杯凍滾水裏，再用茶匙把檸檬汁壓出，慢慢飲用。因為放入了檸檬之後，那杯水即變成鹼性水，進入體內，中和了體內積存過多的酸性，令健康好轉，皮膚靚靚，口氣清新。

女士們最緊張臉上的斑。我說要祛斑，不能單用外用的膏丹丸散，必須裏應外合雙管齊下才奏效。體內酸性過高，百病就出現了，特別是癌症。

一位醫生說檸檬水等於血液循環加鈣。有血壓高嗎？有憂鬱症嗎？時常感到懨懨欲睡嗎？有痰嗎？感冒嗎？有糖尿病嗎？記憶力衰退嗎？學我一樣每次飲涼開水時都加入一片鮮檸檬吧！這是加強免疫力，延緩衰老的仙丹。

趁手頭上有新鮮本地無打蠟檸檬，洗乾淨後用刀薄切成許多片，然後依鄰居陳太太教的方法，放入玻璃瓶內，用小匙羹篤篤篤讓檸檬汁滲出，接着倒入四百克左右純蜂蜜，把玻璃瓶蓋好放置於陰涼地方。

翌日早晨，經過了十多小時的「相處」後，瓶裏呈現了液汁狀態，檸檬片都浮了上面，而瓶底則見厚厚一層沉澱物。陳太太説，可用小匙羹把瓶中物攪勻成為檸蜜。

此後，每朝起床後，做完拉筋飲過一杯溫開水，就用一茶匙檸蜜加入一杯溫開水內，調勻，飲用。説是很好的潤燥潤喉、防止不正常脱髮和防止便秘佳品。長期飲用，有皮光肉滑、耳聰目明、骨骼強健的功效云云。

檸檬、蜂蜜都是對人體有益的食品，也是我的喜愛食品，所以就開始了每日一茶匙加入一杯溫開水調勻飲用的習慣。

人最怕甚麼？當然是老了行動不便，周身病痛，如今有了此天然好味道的養生飲品，當然不會放過。

自製保健檸蜜

材料好簡單，只需檸檬、蜂蜜。

便秘人士的救命果

十多年前應副刊編輯在專欄中多寫有關天然護膚的方法以利己利人時，一旦遇見皮膚科醫生或者美容專家，就乘機請教有關護理皮膚的秘訣。

某日在朋友家遇到一位上了年紀，但仍在中環私人執業的皮膚科醫生。當時主人家親自下廚炮製了一道名為「菜包白鱔塊清湯」的潮州菜。老醫生一見，即說：「這個菜養顏，多吃有益。最啱女士呀！」我乘機向老醫生請教有何天然護膚方法給我的女讀者學習。他馬上拉大嗓門，說：「好簡單，一不穿着高跟鞋，二不吸煙，三多做體力運動，四足夠睡眠，五豁達積極。六不揀飲擇食。能夠做到呢六點已經好好嘞！」你做得到嗎？我的經驗是「有諸內必形諸外」，腸臟不清潔，必然表露在皮膚上，痘痘啦、膚色暗啞啦⋯⋯所以不能有便秘。便秘等於沒有把體內積壓的垃圾清理掉，各種大病小病就來了。

如何防止便秘呢？老醫生教的這六個方法都是靈丹。好好實行這些方法，皮膚怎麼可能不靚？

便秘已成文明病

便秘已經成為文明病。只要有三天以上未有排便或出現排便困難，就屬於便秘。長期便秘的後果不但皮膚變差還會產生肛裂、痔瘡。

天氣寒冷，不太流汗，許多人因為不覺得口渴，就忽略了飲水，也不太上廁所；這，很容易誘發便秘。大人小孩都不能倖免。

年輕人如果常吃火鍋，又愛吃辛辣食品的話就容易令脾胃消化功能失調，內生燥熱濕邪上火，而導致便秘。

至於上了年紀的人，由於腸胃平滑肌功能變差，腸道蠕動緩慢無力，假如又少飲水、少吃蔬菜，再加上膳食纖維攝取不足，令糞便囤積在腸道內，輕則便秘重則會誘發癌症。

每日運動如做些強化腹肌的拉筋是必要的。既可刺激控制消化器官的自律神經，亦可促進腸道蠕動，幫助排便。如有便意，就應立即如廁。

我多次提過，早上起床做完拉筋運動後就該喝一杯溫開水，因為可以促進便意。此外應多吃高纖食物、綠葉蔬菜，因為膳食纖維可以刺激腸胃蠕動，增加糞便重量，有助順暢排便。

有一種水果號稱便秘人士的救命果，是甚麼？就是火龍果。

火龍傳奇

從前，一點不喜歡火龍果。不喜歡它的樣子，尤其怕見到切開後，內裏的一點點黑粒粒，看得我全身毛管直豎。

自從那一年八月在中國肇慶，在風雨中遊七星岩，朋友指着遠山隱約見到的黃色果實，說那是火龍果，屬仙人掌科中量天尺屬的植物。我定睛再一次觀看，纍纍的吊在崖上，在風雨中一動不動，開始對它有了好感。

朋友接着細數火龍果的好處，可以養顏去皺啦、可以降膽固醇降血脂啦，然後煞有介事說那些黑粒粒其實是寶，能滑大腸，是腸胃清道夫。如果有便秘，吃進一個後，好快就會通腸胃，通得一乾二淨，那種舒服晒的感覺是很幸福的。

我只能不住地點頭，從此不再怕它。不過聽中醫師說，此果雖然味甘，但屬寒涼之物，體質不夠強健的女士，最好不要吃。要吃的話，最好是飽餐之後吃。它之所以對腸胃有好處，因為它是低熱量高纖維的水果，也有說是減肥恩物。現在很多人大魚大肉之後的飯後果，就是火龍果，據說它有預防痛風這種富貴病的功效。

讀者來信問火龍果對女性有甚麼好處和不好處；因有朋友勸她不要吃太多。

火龍果性寒味甘，為體質虛冷的女士來說，實在不宜吃太多。有中醫建議不妨在餐後飲用火龍果汁，這會較為適合。

我愛海鹽

我喜歡海鹽，來自海洋的鹽。十年前，跟着 City Super 的食品買手飛日本沖繩島，造訪那霸及石垣島的煉鹽廠，材料純是從太平洋抽進來的海水。

走進工廠前，我們必須換上消毒衣帽和靴子。看着海水的消毒淨化結晶等等工程，一點不簡單，那些鋪在鹽田曬乾的鹽那裏比得上。躺在石垣島面對一望無際的沙灘上，迎着風，二月的天氣竟然像五月初夏般暖和。猶記其中一間煉鹽公司的客廳牆上掛的一幅字畫，大大的寫着：「鹽是命」。

在古時，鹽也是財富的來源，所以古時的鹽商個個都腰纏萬貫。司馬遷《史記》寫道：「設輕重魚鹽之利，以贍養貧窮，祿賢能，齊人皆說。」戰國時代的霸主齊國在管仲推行國家食鹽專賣的政策後，改善了貧富懸殊，加以一系列的政治、軍事改革，國家得以富強。

海鹽，既平凡又珍貴，我喜歡鹽，因為鹽可以美容。我用幼海鹽來刷牙，以美白牙齒及防止牙周病。我用幼海鹽來按刷鼻頭及鼻翼，可以去除黑頭。我用幼海鹽加水輕輕按擦面部，可以收細毛孔，預防痘痘。喉嚨痛了？飲一杯熱海鹽水（淡的），幾分鐘後便「藥」到病除！

鹽，急救痰上頸

廣東人容易痰上頸，特別是早上，總有半個小時左右痰上頸，說話不方便的同時，也很失禮。

中醫認為，痰多的原因，是由於體質虛弱、中氣不足、脾虛不運，令水濕停留，於是凝聚為痰。因此，提醒常常有痰上頸的朋友，少吃生冷食品、瓜果等，還有應少吃肥膩食品、少吃甜品，這類食品都容易釀濕生熱，化為痰濁。

明顯，痰與濕是有莫大關係的。所謂痰濕，即指個人濕重。

如果你遇到這個痰上頸的尷尬情況時，又希望可以立即清理它，該怎麼辦？當然有辦法，依我的經驗，就是用鮮檸檬汁一大茶匙，加溫開水半杯，再加少許鹽，拌勻，一口氣飲盡。好快，卡在喉嚨的濃痰就會順利咳出，聲音馬上回復清順、響亮兼有自信。

假如你時不時都會不分時段的出現痰上頸這情況，我提議你不妨每天早餐後飲一杯上述的檸檬飲品，可以有備無患。此外，開始作感冒時，可以用檸檬汁加蜂蜜沖溫開水飲，可以立即紓緩咽喉痛、喉嚨乾等不適情況。

薑皮

生薑皮原來是寒涼的，我今日才知道。我想主要原因是從來不會想到屬於溫熱的薑，它的皮會是另一種屬性。

話說某天某時一位九十歲長者向我提供一條養生秘方，他說這秘方不僅令人長壽，也令大腦筋靈活，像他自己一樣，行得走得食得瞓得，從來沒有便秘的煩惱。他的方法是早上含一片薄薄的生薑，十分鐘後把薑片慢慢嚼爛，然後繼續含着（當然要吞口水），前後三十分鐘左右，把薑吐掉，如此而已。理

由是，生薑含有的揮發油和薑酚，能夠促進血液循環和興奮腸道，幫助消化，還可以防治膽結石的發生。

晨早行山之人士，最好含一塊薑片，可避免瘴氣濕露的侵犯。但要記住，含薑片也不宜超過三十分鐘。

這位長輩很認真地説要提醒大家，就是放進嘴裏含着的薑片必須去皮。因薑皮屬寒性，會影響晨早剛起床的你，阻礙健脾溫胃、陽氣上升。中醫學指出，生薑皮味辛、性涼，具有利水消腫的功效，是以有「留薑皮則涼，去薑皮則熱」的説法。

你可能會問，為甚麼一定要在早上食或含生薑呢？晚上不可以嗎？中醫解釋，晚間食薑，令人閉氣。這是甚麼意思？答案是，生薑辛、溫，主開發，夜則氣本收斂。此時吃生薑，使收斂之氣再開發，是違反天道，屬於置健康於不顧。在這種情況底下，通常會影響睡眠，成晚輾轉反側。

家備生薑頭痛不慌

我小時候見過外婆用生薑治頭痛，方法是把老生薑切出五六塊薄片，然後放到火上燒一陣熱至薑味溢出。接着分別把它們貼到兩邊太陽穴上。躺下休息一會。她說，這是祛頭風。頭風給驅走了頭痛也自然消退了，除非你的頭痛另有內情。頭痛頭暈的形成原因很多，激氣或嬲怒時會頭暈頭痛、過度興奮會頭痛頭暈、擔心也會出現頭痛或者頭暈。說來說去還是氣血不夠強的緣故。生薑能使血管擴張，血液循環加快，促使身上的毛孔張開，這樣不但能把多餘的熱帶走，同時還把體內的病菌、寒氣一同帶出，人就變得舒服了。

如果你或家人遇上這個問題，請不妨試試這個簡單的家居療養方法。

在蘇東坡的《醫藥雜說》中也曾記載，錢塘淨慈寺有和尚，八十多歲，顏色如童子，問其故，答道：「貧僧服生薑四十年，故不老。」民間也有「冬有生薑，不怕風霜」，「家備生薑，小病不慌」等說法。

祝大家身體安康百毒不侵，好好地利用外表平平無奇，但功效奇多的薑！

減壓特飲

紓緩壓力提神醒腦的方法，有深呼吸、運動、還有茶水。日前，從中醫師陳綺琪（Erica）處拿到一個茶水方，在這裏與大家分享。

材料：

合歡皮十二克、夜交藤十八克、玫瑰花二十枚、蜂蜜兩茶匙。

做法：

一、先把合歡皮、夜交藤、玫瑰花沖洗乾淨，然後放入一大茶壺中。

二、沖入沸水五百毫升，焗十分鐘。

三、待茶溫稍涼後加入蜂蜜，調勻，即成。

據Erica說，這個茶水亦有改善失眠的功效，每日一杯亦無不可。至於蜂蜜，因為有通便的作用，故此平常大便稀溏者不宜多吃。

由於疫情反覆，差不多人人禁足，令許多人都有精神不振的情況，成日沒精打采也不是辦法，不如親自焗杯合歡皮玫瑰特飲來打起精神啦！

功效：

一、合歡皮，性平味甘，入心、肝經，可以解鬱、和血、寧神、消癰腫。

二、夜交藤，性平味甘苦，入心、脾、腎、肝經，有養心、安神、通絡、祛風的功效。

三、玫瑰花，性溫味微苦、甘，歸肝、脾經，可行氣解鬱、活血止痛。

四、蜂蜜，性平味甘，歸肺、脾、大腸經，有補中緩急、潤肺止咳、滑腸通便的功效。

健胃與咖啡

早餐是一日三餐中的第一餐，最好能夠吃熱的，作用是保胃氣。不過，很多人在享用早餐時，都先來杯冷飲。要知道，早晨的身體肌肉、神經及血管，仍然呈現收縮狀態；如果還來一杯冷水或冷飲，會使血管更加攣縮，血流更加不順，要是長時間如此，就會傷害了脾胃的消化吸收能力、後天的免疫力及肌肉的功能。

清晨是一天當中，胃腸活動最旺盛的時間，是以這時候吃進的食物，都較容易消化和吸收，這也印證了早餐的重要性。

我的早餐都是麵包和雞蛋，再加一杯自己炮製的熱咖啡，百吃不厭。喜歡熱咖啡，一來是那叫人精神為之一振的香氣，此外就是它能醒神、利尿、健胃。

以前常說，咖啡如何如何對身體不利；但今日健康實證，咖啡除了利尿、健胃外，還可以提高身體基礎代謝、抗老化，刺激腸胃蠕動，幫助排便。

WPM

雪梨皮對人體的好處

講起潤燥湯水，我們會想起冰糖雪梨水。一般做法是把雪梨去皮去核切小塊加入一撮冰糖，再加片靚陳皮注入適量清水，或燉或煲。不過，近日聽對食療有研究的朋友說，正確方法應是連皮一起煲或燉才有效。雪梨皮是止瀉的。脾胃比較虛寒的人最容易拉肚子。這種體質人士吃雪梨時最好連皮食。梨肉屬涼性所以吃多了就容易拉肚子，而梨皮是陽性的，風熱咳嗽者不妨連皮一起食梨。其止咳嗽功效就是來自梨皮。

雪梨的好處

一、調節血壓：雪梨富含鉀，鉀有助於人體細胞與組織的正常運作，有調節血壓的作用。

二、維持皮膚彈性：雪梨富含維他命C，能保護細胞，對維持皮膚彈性與光澤有幫助。

三、降低膽固醇：雪梨含有木質素，它在腸子中溶解，形成像膠質的薄膜，在腸子中與膽固醇結合，而將膽固醇排出體外。

四、預防骨質疏鬆症：雪梨含有硼，硼有預防骨質疏鬆的功效，當身體內的硼充足時，記憶力、注意力、心智敏銳度都會提高。

熬一鍋親子保健茶水

月前應香港理工大學應用社會科學系邀請，去跟已退休的及正預備退休的朋友們分享天然美膚及養生心得。座中有朋友問有甚麼湯水可以適合一家大小四季飲用兼可保健保平安。

我想了一下答道，久不久煲夏枯草片糖水一家飲用啦！

從小到大我媽都樂此不疲的一個月左右煲一大鑊全家飲用，飲剩的放涼後用玻璃樽裝妥放入雪櫃隨時再飲。中醫說此茶水能疏肝明目去毒保健。所以我們都沒有近視。因為肝主目，肝好則眼好。現在我也是這樣給家人久不久煲夏枯草片糖水。我兒子也沒有近視。我從來不會買現成的如罐裝或塑膠樽的夏枯草片糖水。親自炮製湯水或涼茶是促進親子關係及製造和諧家庭重要的關鍵。孩子將來的人生如何，但在成長記憶中總不會忘記從前那份親情。一如我們常常懷念在家千日好的溫馨時光。有了這些「溫暖」孩子一定不會學壞不會走歪路。心情也一定暢快；心情舒暢健康就有保證了。

夏枯草片糖水

做法：

夏枯草（請教藥材舖買四人份量）浸洗乾淨，加入兩片片糖，加入十三杯水，大火煲四十五分鐘即成。

增強抵抗力湯水

朋友Lily說，我許多許多年前，在這裏寫過一篇有關牛蒡的湯水，說這個湯有健體防癌功用，問我可否再寫一次；因為當年的剪報已經遺失了，但又想再飲這個湯水云云。

我差點被Lily考起，年代久遠的養生湯水篇之一，若不是Lily這一問，我一定不會重新記起。那是一位朋友教我的，並請我把這條單方公開讓大眾都能受惠。

材料如下：巨型白蘿蔔四分一個連皮、白蘿蔔葉一把、大紅蘿蔔半個、牛蒡連皮大枝裝的四分一枝、乾香菇一朵。

製法很簡單，先把上述蔬菜切成大件，放入盛有十飯碗清水的湯鍋內，用大火煮沸後轉小火，煮一個小時，平日當茶水飲用。

在台灣，牛蒡有窮人的人參雅號，在台中大量生產。日本人也愛吃牛蒡，深信它對健康和養膚有大幫助。據研究指出，牛蒡能降血糖、血脂、穩定情緒，同時營養價值完整。而白蘿蔔，生、熟吃均可，有清熱解毒的功效，還能幫助消化，有助抗癌。把生白蘿蔔泥夾着熟蘿蔔一起吃，據說能一夜好眠。

蘿蔔葉

美味美顏減肥湯

為了健康地減肥，除了適度地做運動外，這一陣，我一星期至少飲這個通便減肥湯三次。美味、便宜、營養豐富，且做法簡單，這個湯就是冬菇菠菜湯，二者加埋就包含了鈣、鎂、鐵、鉀、維他命A和C，全都是養顏元素。

菠菜是通便高手，烹調時不要切去根部；因為許多營養都在根部，多清洗幾次就可以清除泥沙了。

冬菇有減肥效果，因為冬菇熱量低、脂肪低，加上纖維豐富，有助促進腸道的蠕動，同時冬菇不含膽固醇，但有豐富的蛋白質、抗氧化物和礦物質，其中的硒，有助維持身體免疫力，可以減少自由基對細胞的傷害。

材料：

冬菇五十克、菠菜一斤、薑片四五片、上湯、鹽、糖各適量。

製法：

一、把冬菇浸軟，剪去冬菇蒂，再把冬菇切片，保留冬菇水。

二、菠菜連根洗乾淨，保留菜根，把菜切段。

三、熱鑊放少許油，爆香薑片，加入冬菇，冬菇水、上湯，煲滾後轉文火再煮二十分鐘。

四、放入菠菜煮至腍熟。

五、加入鹽糖等調味料。

冬菇

齋湯的肉味

飲湯。

廚神陳太說，那是齋湯。

但我感覺有肉味。細看湯料，有粟米、紅蘿蔔、印度椰子、栗子、腰果……沒有肉。

陳太解釋，加了栗子和腰果一起煲的齋湯，即有肉味。

栗子和腰果是很神奇的配搭。煲素湯，如只加入蔬果、牛蒡、鮮山藥之類作主料，蜜棗或無花果、南北杏、赤小豆等作配料，但如果沒有加栗子和腰果，有人會覺得湯味寡了一點；可是，一旦加進了，整碗湯又會很不一樣，美味了許多。

查看腰果的說明，就有十二個好處，一、幫助減重；二、抗抑鬱症；三、保護眼睛；四、控制血壓；五、預防膽結石；六、強化骨骼；七、幫助消化；八、養顏美容；九、遠離心臟病；十、預防癌症；十一、修護髮質；十二、預防貧血。

栗子又如何？栗子似乎比較不那麼多元化，但也不賴，包括：養胃健脾、補腎強筋、活血止血、延緩衰老……都很扣人心弦。就如延緩衰老這一點，跟腰果的養顏美容同樣叫人眼前一亮。說到底，都是各有各的好處，也各有各的不足，均衡飲食最重要。

春天養生

新年伊始，大地才剛剛回春，人體陽氣開始升發。際此乍暖還寒天氣，所謂陰陽未達平衡，春天肝氣偏旺，傷風感冒是最容易出現的事。所以，春天養生，運動是不可少的。

以我自己為例，必定抽時間到附近公園做急行運動，在公園兜圈急行。進行前，先來三組拉筋，然後收腹挺胸，腳跟先着地而行，那種感覺是小腿、大腿、腰腹配合呼吸及雙手的平均擺動，讓血液循環加速。不到十五分鐘，身體已經微微出汗（排毒），半小時後，再用兩組拉筋來結束，舒暢且愉快。

選擇哪一個時段都無所謂，早上、中午、黃昏，甚至是月黑風高都可以。不過，如果可以的話，我必然選擇有陽光的時段；不過要在面部、身體見光的部位，抹上適量椿花油來防曬，另加一頂可以遮擋太陽的帽子。喜歡讓皮膚親近太陽，一來是暖和和好舒服，二來陽光是協助自身製造維他命D的重要元素，比口服劑的效果更強大。

維他命D可以強化我們的骨骼和牙齒，預防關節炎和骨質疏鬆；但紫外線對皮膚有害，可見每一件事都有正反兩個方向。為了保護皮膚，在陽光下工作和運動，就決不能沒有純正的椿花油來保護。

春天首重養肝

曾應煤氣公司邀請，與苑仔（苑瓊丹）負責那個探討如何護膚養生的網上直播。一位觀眾詢問，春天應該如何養生？

在五行中，春天屬木，其對應的臟腑是肝，是以春天是養肝季節。肝主目，肝臟如果健康，眼睛自然也明亮健康。

護肝最好的湯水，我會推薦夏枯草片糖水，適合全家飲用。小時候，母親最愛給我們煲這個飲品。春季肝氣偏旺，故亦十分容易患傷風感冒；所以在這個時節養肝，必能舒肝理氣、活氣化瘀，是謂順應天時的養生方法。除了夏枯草片糖水，烏龍茶亦很適宜；因為烏龍茶滲有一種會愉悅的果酸，酸入肝經，故有疏肝理氣之效。

至於時常手腳冰冷的人士，特別是女性，又應如何選取護肝食療呢？中醫學認為，這類人士不妨多吃韭菜，或者每天飲一杯薑粉蜂蜜茶，透過這些辛溫行氣的食物，有助於體內陽氣升發。對於體質屬陰虛者，就必須養陰柔肝，是以請多吃蓮子、百合以健脾補腎養肝。

你的肝健康嗎？

養肝要及早，也要及時；不然，搞至疼痛出現時，可能已經為時已晚。養肝除了飲食之外，足夠睡眠也十分重要，許多人得肝病主要是過度疲勞。中醫認為，凌晨一點至三點，是肝經運動的時段；所以，不論正在做着甚麼重要事情，凌晨一點必然要上床睡覺。

《黃帝內經》記載：「臥，則血歸於肝。」不眠不睡，血哪能歸肝、養肝呢？西醫亦認為，睡眠期間，進入肝臟的血量較多，有利強化肝功能，提高肝的解毒能力。因此，一旦身體出現不舒服，有傷風感冒，家人、朋友、同事都會趕緊提醒你多飲水、多臥床休息，只要有足夠的睡眠、優質的睡眠，我們才能好好的養肝。

註：

夏枯草片糖水的做法，見第八十二頁的〈熬一鍋親子保健茶水〉。

立夏清熱化濕飲食

立夏，是二十四節氣之一，標示着夏天已經抵埗，天氣轉熱、梅雨增多、晝長夜短。中醫學認為，夏天屬火，火氣通於心，是以有立夏養心之説。

如何養心？心，必須靜養，即避免大量出汗。夏日大量出汗易傷陽，古人為了順應自然界晝長夜短的變化，於是以「晚睡早起」來配合天地的清明之氣。要自己一整天精神奕奕，此時最好的方法是午飯小睡二十分鐘，或者閉目養神。

立夏這段日子，正是春夏交替之時，此時肝氣漸弱，心氣漸強。

在飲食方面，應增酸減苦，作為補腎助肝，不妨多吃帶酸味的水果，例如：番茄、檸檬、草莓、山楂、菠蘿之類。酸性有收斂之效，一則預防流汗過多而耗氣傷陰，二則能生津止渴、健胃消食。

最簡單的清熱化濕飲食，莫如多吃綠豆和薏米。由於薏米沒有味道，大家可以在飲奶茶和湯水時，放入一湯匙純正薏米粉，調勻飲用；又或者，在白米飯裏加入薏米粉調勻食用亦佳。

以下為大家介紹一個清熱解毒、消暑的糖水。

解毒養顏綠豆糖水

關於綠豆湯，《本草綱目》這樣說：「煮食綠豆可消腫下氣、消熱解毒、止渴、調和五臟、安精神、補元氣、潤皮膚；綠豆粉解諸熱、解毒藥、治瘡腫、療燙傷。」綠豆皮有明目功效，可見綠豆渾身是寶。但脾胃虛寒者、洩瀉者不宜多吃。

綠豆湯是中國民間傳統的解暑佳品；炎炎夏日來一碗綠豆片糖湯，可止渴消暑、清熱解毒。

我媽屬於火氣旺盛人士，是以每逢夏天，她必會煮一鍋綠豆甜湯給一家人解暑。為了中和綠豆的寒，她會加入半飯碗粘米，並且用片糖來煮，再加入一片果皮和少許臭草。可以想像，一鍋飄着草香果皮香的綠豆湯水多麼誘發食慾。

材料：

綠豆一飯碗、粘米半飯碗、片糖兩片、陳年果皮一大片、臭草兩至三枝

做法：

綠豆洗淨後，隔夜浸泡至豆皮爆開。

粘米洗淨，也是浸泡至翌日。
陳年果皮放入適量冷水內。
清水煮滾後，放入綠豆、粘米和臭草，一起煮至豆和米皆熟爛，加入片糖和臭草，待片糖煮溶即可。

蜂蜜，秋天養生護膚食品

每年一到秋天，就是容易喉嚨痛、流鼻血的時節。因為乾燥的緣故，就連皮膚都容易起皺、頭皮屑彷彿雪花紛飛，要幾失禮就有幾失禮。

這個時期，蜂蜜是最能派上用場的大自然恩賜。蜂蜜這種天然食品，它所含有的單醣，原來不必經過消化就可以被人體吸收，是婦女、幼兒和老人的最佳保健天然食品，是以有「老人的牛奶」的美譽。我一旦遇上喉嚨痕癢、乾咳，就會淨吃一茶匙純正蜂蜜。

蜂蜜是上佳的護膚品。它能令皮膚具有彈性，能殺滅或抑制附在皮膚表面的細菌。所以在秋燥日子、疫症橫行時節，不妨每日早晚空腹飲一杯蜂蜜暖水。專家說，大腦神經元所需要的能量在蜂蜜中含量最高。同時蜂蜜中的果醣、葡萄糖可以很快被身體吸收利用，改善血液的營養狀況，改善心肌的代謝功能，保護我們的心臟，特別是在熬夜後。

皮膚太乾燥？就用純正蜂蜜開水然後敷面，半小時後用清水清洗，再抹上立即被皮膚吸收的椿花油。

冬天的保暖養生法

我很重視保暖，不是怕凍而是自己容易着涼、傷風。但是，並非穿着許多厚重的衣服，就等於正確的保暖。我不會着衫着到隻「糭」般，因為妨礙工作時的手腳靈活度。身體有幾個部位，如果保暖得宜，就會感覺暖和又安心。

頸部：你就知道為甚麼頸巾如此重要。我早上起床離開暖和和的被窩前，必然圍上毛冷頸巾而不是披上晨褸或甚麼的。

肩膊和背門：也是需要時常保暖的部位，那是容易着涼的地方；所以，別以為打大赤膊或穿着露背裝好得意、好性感，傷風是小事，最驚一病不起。

頭部：是以在寒季、在冷風凜冽的季節，別忘記戴頂適當的帽子來擋風避雪。頭部一旦給凍着了，日本人所謂的風邪就來了。

膝蓋和大腿：也是冷不得的，坐在冷氣房的上班族，假如女士們還穿着短裙的，也是容易招惹風邪，變成感冒的。所以，最好在辦公室常備一張小毛氈，坐定定工作時就蓋上小毛氈以保暖。

工欲善其事，必先利其器；有了保暖小法寶，就能保持良好的身體狀況，身體健康的話，工作時自然不會分心，不會有神無氣，不會妨礙進度。

冬天晨早賴床有好處

早上睡醒了，懶床幾分鐘原來是好事，一來可以讓腦筋完全清醒，二來可以感謝上蒼讓你還有機會見到這個世界。

許多人都有一旦睡醒就馬上跳起床這個所謂「黎明即起」的習慣；不過，醫生一直都提醒大家，尤其在冬天，早上起床不要急，要待幾分鐘後才緩緩起來。

因為從暖暖的被窩忽然急速地、毫無防避地與被窩外的冷空氣接觸，你的皮膚立即發出反應，就是馬上收縮，當然也連帶血管也趕緊收縮。說時遲、那時快，如果抵抗力不夠的話，心血管會因此而緊縮，結果就容易猝死。理由是遇上外面環境冰冷，你的血管即會抵制，持續地收縮，致令打回心臟的血流量不足，於是會產生猝死的危險。

據資料顯示，猝死個案多發生於深夜和清晨；之所以提及清晨；因為疫症發生後，許多人為了改善健康，增加抵抗力，就有了晨運的活動，卻忽略了運動前（特別在寒冷的清晨）暖身的必要。平時在無運動的狀態下，血液要回流到心房，只靠靜脈收縮就夠了；但在劇烈運動時，情況就完全不一樣了。

除了要注意到頸背的保暖外，滋潤喉嚨也非常重要。我養護健康的方法，是多喝暖水，有必要時吃一茶匙純蜂蜜，或者每日早晚各飲一茶匙蒜頭浸米醋。

去皺袪濕疹話白果

忽然記起，許多年前一位皮光肉滑的朋友教的一個去皺紋去黑頭的方法。我即時請一些讀者試用。得到的答案是：「好得。」今日與大家分享。

名稱是：

銀杏（白果）去皺小秘訣。

份量：

五粒白果。

做法：

把白果去殼去皮，洗淨。把白果肉搞爛成漿狀，再加入一小茶匙純正椿花油或者米酒混和，均勻地塗上預先洗乾淨的額頭、面頰及鼻頭處。然後用手指輕輕按擦兩分鐘。之後讓白果漿停留臉上二十分鐘。用溫水洗淨，抹上一點椿花油來保濕滋潤即可。

二〇一九年有研究報告指出，銀杏果提取物可以抵抗痤瘡桿菌、金黃色葡萄球菌和化膿性鏈球菌導致的痤瘡、牛皮癬、皮炎或濕疹，還包括皮膚乾裂（皺紋）、瘙癢、酒糟鼻和皮膚感染。一星期至少用三次。兩個月後見效。因為天然方法的效果一般較慢但安全。

是時候飲杯黑豆茶了

在日本京都祇園漫步，最矚目的一間食品店是有過百年歷史的黑豆專門店。黑豆是日本人的最愛豆類之一，許多女性從中年開始就每日當茶水飲用，防膝蓋關節痛是原因之一。讓我們一起看看黑豆的功效：消腫下氣、潤肺去燥、活血利水、祛風除痺、補血安神、明目健脾、補腎益陰、解毒、黑髮，以及延年益壽。

黑豆更可入藥，黃豆不能。其次是養顏。我每日都有飲黑豆茶。黑豆皮為黑色，含有花青素，花青素是很好的抗氧化劑，能清除體內自由基，尤其是在胃的酸性環境下，抗氧化效果好，養顏美容的同時還增加腸胃蠕動。中國人逢年過節最大的娛樂就是食、食、食，是以容易出現消化不良、皮膚出痘痘及便秘，每日飲兩三杯黑豆茶作為預防吧！

人的衰老往往從腎機能顯現，要想延年益壽、防老抗衰，增強活力、精力，必須首重補腎。根據中醫理論，黑豆為腎之谷，黑色屬水，水走腎，所以黑豆入腎好處多。防止大腦老化。黑豆中約含百分之二的蛋黃素，健腦益智，防止大腦因老化而遲鈍。日本科學家發現，黑豆中有一種能提高強化腦細胞功能的物質，能滿足大腦的需求而延緩腦機體衰老。聽講黑豆還能補血。

黑豆粉、黑豆

波哥的明目大剖析

波哥（陳健波）送來兩斤杞子，並給我們說了一個故事。

「我無青光眼。」他劈頭第一句便說：「但我的兄弟有，而且必須接受手術才能保住視力。」接着的點題是：「我十多年來，自從做了議員，天天看大疊文件、看電腦，視力不斷透支，想着遲早也輪到我有青光眼，幾閉翳喋！忽然一位老中醫教我每天飲杞子茶，要自家浸泡的。」

聽到這裏，一屋人不禁豎起耳朵屏息注視着波哥，彷佛在問，怎樣浸泡？

「每天用來自寧夏的頂級杞子，並審視一下每粒首尾的蒂是不是白色的，如果是白色，那證明不是染色的，是正貨。每次二十至四十粒，放入保溫壺中用滾水浸泡十個小時左右。飲用前，倒出來，要再煲滾它三分鐘；跟着就是飲杞子茶食杞子。」波哥這十多年來，就是這樣天天飲，至今耳聰目明，繼續為港人服務。

言語間，他一再向我們推薦這個養生飲品。波哥説，幾年前香港大學醫學院對杞子做了個實驗證明，杞子不但清肝明目，還可保護視覺神經，預防青光眼，亦可防止大腦細胞凋亡，防止腦退化症。

最佳的肢體運動

有一個問題，我被朋友問過多次：「為甚麼在家請客食飯不使用紙碟、紙碗？這樣可以免去執拾清洗的麻煩和辛勞。」

我家自從兒子唸中學四年級開始，已經沒有僱用家傭，一切大小家務都由全家人分擔；但說到底，分擔得最多的那個人，還是我這個一屋之「主」和一家之「煮」。因為我這個人，對家居和食物處理都有很多要求和主意，同時又是個文字工作者，多數時間坐着伏案寫稿，久坐多病這個至理明言，我當然明白。於是，換床單、洗廁所浴缸、吸塵抹地抹椅凳、熨衫、買餸煮飯、擺設廳房一腳踢，完全搞掂，就當作是運動之一，不知幾高興。

至於紙碟、紙碗這個問題，阿媽教落，到家裏吃飯聊天的，都應該是值得邀請的朋友，不管是一人還是二十人都不能待慢。用上紙杯、紙碟、紙碗，一來寒酸、二來缺乏誠意。

久坐奪命

久坐何止多病，還會患上經濟艙症候群呢！

朋友在面書上説，這一年因為在家上班、因為苦悶、因為無聊，結果肥了二十磅。「公餘」時間又不像正常日子一樣四處遊歷四處逛，只能坐在家裏吃飯吃零食，坐着看電視打電話打遊戲機，肥胖就是這樣練成的。

肥胖了還好，最怕得了經濟艙症候群而不自知。日本就出現了這個死亡個案。這個症候群，可以解讀為深層靜脈栓塞及肺血栓。成因是長期坐着不動，令腿部深處的靜脈容易形成血塊，引致深層靜脈血栓症。這種靜脈血栓最可怕的地方，是在病人突然起身走動時，順着血流跟到肺部而塞住肺的血管，於是引致肺栓塞。

以前，這種徵狀最常發生於飛機經濟艙旅客身上，旅客可能要飛十多個小時，加上座位窄，兩腿不能舒展又不方便在機艙內隨意走動，結果在機上或下機後「發病」死亡，是以被冠以經濟艙症候群；通常在長途飛行的四十八小時內發生，也許在下機後數小時或數日才出現，久坐不動就會有此危險。

精神抖擻心情愉快

與你分享我睡醒後精神爽利的心得。就算當晚只睡了兩三個小時，這個方法一樣管用。

一、醒來後繼續賴在床上，用手指頭輕輕敲打整個頭部二十下。然後用手指同時捏擦兩耳二十下（已經感覺良好）。

二、把伸直的雙腿慢慢屈曲。然後雙腿用力向上一踢，伸直，二十秒後慢慢放下。重複做三次（如果不夠力向上伸直，可以用手幫忙抓緊）。是個很好的收腹運動。

三、坐起身。上身向前彎曲，可以壓到多低就多低。雙手分別抓住腳趾或腳板，三十秒後回復原位。

四、慢慢落床。然後直腿、收腹、彎腰、雙手（指）按地板，三十秒後回復原位。

然後飲杯暖開水，精神抖擻地去開展你新的一天。

我是臨睡前也會做一次的。如果可以我會一天做三次。這解釋了我為甚麼有時晚上只睡了兩個小時，翌日仍然可以精神奕奕地開會。

耳朵洩露健康狀況

因為利瑪竇的關係，跟香港耶穌會的徐志忠神父（記得香港電台的馬恩賜説，徐神父是他在九龍華仁書院唸書時的中二級班主任）稔熟起來，常常向他查詢有關他的同門大師兄利瑪竇的資料。

某日訪談完畢，正要離開時，徐神父叫我每一日抽幾分鐘按擦耳朵，由上而下的按擦。我瞪大眼睛問他，我是不是有病（因為認識他的人都知道，他對養生很有研究）。

他搖頭，説我只是氣血不足，每日按擦耳朵很有幫助。耳朵不僅是人體重要的器官之一，個人的氣血問題亦可以從耳朵上表現出來。氣血足的話，耳朵會呈現淡淡的粉紅色，而且有光澤、無斑點、飽滿；反之，則黯淡無光。

這一驚，真是非同小可，而且往昔也聽過長輩説，耳朵漂亮亦是高壽的象徵。從此之後，我每日坐在書枱開工寫稿之前，就先來按擦耳朵三分鐘，又提又拉又捏又揉，使之發燙發燒，讓穴位疏通氣血順暢。這裏的穴位包括了盆腔、內外生殖器、足部、腰椎、肩、肘、頭、額、眼、舌、牙等等。

搓耳朵與腎健康

既然耳朵滿佈穴位，正所謂「耳者，宗脈之所聚也」，同時醫理腎臟疾病的穴位許多都在耳部，這樣看來，每天按擦提摸耳朵，實在有助增進健康。

在香港大學中醫學院畢業的陳綺琪醫師（Erica）說，腎主藏精、開竅於耳，可見耳朵與腎臟的千絲萬縷關係。

我們知道腎臟有問題，腸胃都會有問題，例如便秘。便秘等於把垃圾留在體內，如此一來，你的身體不僅是個垃圾桶，而且也會影響其他器官的正常運作，希望長壽？難矣。

腎屬於泌尿系統的一部分，功能主要是過濾血液中的雜質，維持體液和電解質的平衡，接着就是產生尿液經由尿道排出體外。Erica 提議我們每天或經常按搓後腰間兩側，方法是手握拳頭，放在左右腰處，上下按擦至發熱為止。因為我們具備的兩個腎就位於腰間兩側後方，看似拳頭大小像扁豆模樣，又稱為腰子。

總括而言，腎臟共有三大功能：一、生成尿液，排洩代謝的廢物；二、維持體液平衡和體內酸鹼平衡；三、調節內分泌避免產生紊亂。

臨渴掘井又如何？

去探望十分曉得養生、愛惜自己的長輩。甫見面，他立即拉拉自己的耳朵，用眼神問我，有沒有記得常常捏按耳朵？我忙不迭點頭，也拉着自己的耳朵，說道：「有呀，我當然記得你曾說過，常常捏按耳朵，可以通淋巴及令氣血暢順。」

這位長輩年紀不輕，但腰板挺直、行動自如。他認為，從中年就應該開始健身、健生。因為身體隨着年紀的增長，會逐漸衰退、老化，如果不加以愛惜，到時候就只能臥在床上哼哼唧唧，對自己是個悲劇，對家人是沉重的負擔。家人樂於忍耐照顧，當然一流；但也可能因生活逼人，無力亦無時間長期看顧，徒歎奈何。

有些人是過着群體生活的，健康時，大家嘻嘻哈哈，還可以稱兄道弟，一旦年老力衰，左要人家幫忙，右要人家扶持，遇上好朋友，當然是你的幸運；但若然只是一幫酒肉吃喝之輩，人家就可能要給你面色看了，這是人性，誰也不能怪誰。怪就怪自己身體不爭氣，也要怪自己為甚麼不早作準備。不過，早日醒悟，即使臨渴才掘井，也不是沒有用的，總好過甚麼也不做。

腿會透露你的健康狀況

雙腿的狀況最能反映身體的健康狀況，一旦腳部出現一些異狀，決不可掉以輕心。例如：

一、手腳冰冷。如果腳掌常常冰冷，明顯地是氣血循環不順暢的警號。要是長期有此情況，於女性來説，可能會引致宮寒，出現子宮囊腫、靜脈曲張等。

二、睡覺時腿部抽筋，或者腿部肌肉突然收縮。這表示身體缺鈣，那麼就得要為自己補充鈣、鉀、鎂這些營養物質了。

三、如果腳趾甲偏黃，同時又變厚。這可能是感染了霉菌，必須延醫診治，不然會影響至手指甲去。這種情況，通常免疫力低的人都會發生。

四、腳底出現疼痛。那得看看是不是有糖尿病，因為血糖濃度偏高，會導致腳部神經破壞，令腳掌受壓力時（例如走路）出現疼痛。

五、腳腫。這可以是腳部血液循環不暢順的現象，例如乘搭長途飛機、長時間保持同一坐姿，令這部位水分的代謝出現問題所致。若在那腫脹的部位，用手指按下去即出現凹陷情況，就必須去看醫生，可能是肺部有問題。

你能説出水的好處嗎？

忘記了是誰説的，水，如果喝得夠，膝頭不會痛。剛剛想起來，立即向你打個報告，希望可以幫到有膝頭痛的你。編輯也問過我，水有甚麼好處？我竟然一時語塞，顯淺的問題卻有個必須仔細思量的答案。

順手拈來的：水能解渴、水能洗滌污垢。還有呢？對對，如果飲水不足，會妨礙大腦的正常功能運作，因為水與大腦的記憶力、人的情緒及視覺專注力，有着不可分離的關係。血液裏含水量高達百分之九十，血水是帶着氧氣進入大腦的，一旦缺水，就等於缺血，就等於缺氧。因此，氧氣必須充足，才能令腦袋清晰、靈活。

其次，多喝水有幫助降低血液黏稠度，可以減少血栓、高血壓及心血管疾病出現的機會。多喝水可以青春常駐，因為水能活化細胞，加速身體代謝和排毒。別忘記，肌膚的彈性是要靠水分來支撐的。原來多喝水還可以紓緩關節痛。你知道嗎？關節之間連接點是軟骨，而軟骨主要由水、膠原蛋白等成分組成。

水能甩掉腹部脂肪

有哪個女人，會歡迎擁抱自己腹部那團甩極甩不掉的脂肪呢？除了影響儀容、不能穿好看衣服時裝外，還會影響健康。專家提議有這方面困擾的人士，每天喝至少五百毫升的白開水，讓新陳代謝速度提升兩成四，就能把身體的毒素和廢物排出，減少腹部脂肪囤積。坐言起行，今日就實行吧！

人體有七成以上是由水組成的，讓身體每時每刻有足夠的水分很重要，不要因為口渴才喝水，要培養自己有良好的喝水習慣。身體內要有足夠的水分，才能強化肝臟和腎臟功能，方能排出有毒物質。因為水參與了整個身體的循環，這就直接提高了身體的抗病能力。

現在剩下的問題，是甚麼時候喝水最好，以及每次喝多少最為妥當。我們一定要保持每日喝一千六百毫升白開水，剩下的就從其他飲食中獲取。早上起床後一杯三百毫升，中午餐前一杯三百毫升，晚餐前一杯三百毫升，睡前一小時一杯三百毫升，飲的時候不要一口氣飲盡，要兩至三口的慢慢飲用一杯。

白開水是最適合人體的飲用水，因為煮沸後的水質和水硬度獲得改善，它保存了適量的礦物質；此外，水也被醫學界視為最經濟的健康飲品。

白開水的青春密碼

我有許多朋友都不喜歡飲白開水，嫌它寡味。不過，有專家認為，白開水好處多，於是一位英國女記者就接受了挑戰，聽從專家指示，連續一個月每天喝三千毫升白開水。一個月過去了，大家見證了她的眼袋、黑眼圈、眼下皺紋、面部紅斑、頭痛和消化不良的問題，全部消失。

最叫人驚訝的是，她的面形變小了，相貌年輕了十年，於是專家出來解釋了。由於水能活化細胞，適當地喝水可以減慢老化，維持肌肉骨骼的韌性和強度，使皮膚既健康又有彈性。原來，水一旦進入身體，在二十秒內就會到達血液，令血液的黏度降低，緩解了血壓和代謝疾病。代謝疾病又稱為新陳代謝失調症，是一種影響人類細胞生產能量的障礙。大部分代謝疾病是遺傳的，而有部分是從飲食、毒素、感染等而發生的。

每天喝五杯水以上的人，比每天喝少於五杯水的人，死於心臟病的機率低四成一。無論如何，水是為身體供給氧氣的重要元素。而大腦必須有足夠氧氣才能運轉得更快，每天喝足夠的白開水，能加速大腦反應。如果大腦缺水，腦袋會變得昏沉反應慢。

維他命D與增強免疫力

我問醫生，現在疫情仍蔓延，全世界憂心忡忡。可有好辦法增強免疫力，以下是這位醫生提供的好辦法。

一、適當地為身體補充維他命D。因它有促進對抗病毒細菌的能力，可降低呼吸道感染的風險，如感冒、流感等。天然獲取維他命D的方法是到戶外曬太陽，讓皮膚吸收陽光中的紫外線，讓它在體內合成維他命D。最好每天曬太陽十至二十分鐘。不要抹上由化學成分合成的防曬膏或乳液。要抹就抹經提純的野生椿花油。同時要露出臉部、手臂等部位以接觸陽光。

二、飲食。多攝取富含維他命D的食物如三文魚、沙丁魚、鯖魚、秋刀魚等。牠們屬富含高油脂的魚類，還含免疫系統不可或缺的蛋白質。此外乳製品如芝士，內臟類如豬肝等也不能缺。蔬菜方面，醫生提議蕈菇類、綠葉蔬菜，也多吃各種水果；因含各式不同的人體無法自行製造的天然物質「植化素」，它具有抗發炎、抗氧化、抗癌等功效。

此外大蒜、洋葱、葱等辛辣香料也含多種植化素。有研究指咖喱粉常見的

「薑黃素」是提升血清中抗體的幫手，有利調節身體的免疫力。

三、充足休息。

四、積極樂觀的人生態度。

五、保持輕鬆愉悅笑容。

猛烈陽光下，必須抹上野生椿花油來保護肌膚

搶救斑痕纍纍的皮膚

去年，在當空的烈日底下，站在水稻田裏為新書封面攞景。除了農田，還有其他角落要拍攝，就這樣工作了一個上午。過了幾天，偶然往鏡子裏一看，天，左邊臉出現了黑斑和雀斑，立即罵自己當日拍攝完後，回到家裏沒有做事後護膚功課，結果搞成這樣子。心想，現在應該來得及吧！

於是，首先把臉洗淨，用石榴籽粉加水調成糊狀來敷面；洗淨臉龐後，抹上椿花油，到臨睡前再抹一點蘆薈修護精華素。翌晨起床後，攬鏡檢視一番，皮膚果然重現生氣。

隔了一天，我改用紅蔘綠豆粉調成糊狀敷臉，這個功效比較強力。半小時後，把臉上乾掉的紅蔘綠豆粉面膜用溫水慢慢清洗。印乾面上的水後照鏡，那些雀斑沒

石榴籽粉

紅蔘綠豆粉

有了，皮膚不僅白皙而且緊緻。再抹點可以防曬去皺的椿花油，所有自信心都回來了。

人開朗心情自然愉快，馬上把我這個經驗記下來，跟各位分享。心情與皮膚其實是很有關係的，與健康也很有關係。

最受歡迎的天然面膜

再說多些紅蔘綠豆粉的功效。

許多讀者朋友盛讚紅蔘綠豆粉是皮膚的救星；不過一大茶匙紅蔘綠豆粉加清水調成糊狀，敷在有問題的皮膚上，快將變乾時立即用溫水一下一下的把皮膚洗乾淨、印乾，抹上椿花油保濕、防曬、防皺即可。

尤其是有痤瘡、玫瑰瘡、瘡疤、雀斑的面上會有明顯的改善。同時又腫又鬆的臉龐都變緊緻了，因為綠豆有消腫治痘之功力。《東醫寶鑑》記載：「綠豆抗炎，清熱解毒，對油性、痤瘡性、易產生青春痘的肌膚進行深入的護養，平衡油脂，預防青春痘及粉刺的產生，並加速肌膚的癒合。」

所以對那些因暗瘡令皮膚凹凸不平的臉龐，用紅蔘綠豆粉作面膜敷面，一星期二至三次，必見奇效。此外，綠豆因為可促進吞噬功能，除濕利尿，是以有消腫的作用。如果一般作為護膚去黃氣、緊緻皮膚的話，可以一個星期做一次面膜，每次份量一茶匙加清水調成糊狀，再均勻地敷到面上。

一個皮光肉滑的自己

怎樣能做到皮光肉滑？眼部的乾紋和細紋是否很困擾你？用過很多不同牌子的名貴眼霜，七百多港元一小瓶的眼霜，跟隨指引日又搽夜又搽；結果，乾紋依舊。

其實成就皮光肉滑的自己，要試試以下的方法：

第一，要多飲溫開水。

第二，要每日做拉筋運動，讓氣血循環順暢。

第三，要有充足睡眠，讓眼部也有充分休息，可以的話，每日下午小睡十五分鐘。

第四，要晚上卸妝洗面後，抹上椿花油保濕，護膚的同時，也在眼部有乾紋、細紋的地方抹上一點椿花油，然後用手指頭輕敲十來下。到了就寢時間，用蘆薈修護精華素全面搽一次，包括眼部四周。翌日起床後用溫水洗面（不用任何洗面液或肥皂），之後噴上紓緩保濕精華露，一分鐘後輕輕抹上純正椿花油。日日如是，不用一個星期，你就可以看見一個皮光肉滑的自己了。

減肥好簡單

要把多餘又難看的肉減掉，節食是一個不錯的方法，但仍然不夠，最好加上運動。

芳鄰利嘉敏反駁說，節食已經好辛苦，又容易肚餓，一旦肚餓就手軟腳軟腦筋不靈光，哪裏還有氣力做運動？我笑說，有的。意志力可以幫你一把。事實上，運動的選擇很多，不必是健身房內的雙單槓、舉重、跑步，反而可以是一切大小家務，它們不需要你花大氣力；但做完之後，已經「香汗」淋漓。中醫師說，出汗是排毒的一種，其程度是「微微但見出汗」已經足夠。

此外，還得加上一項，就是早晚各做拉筋一次。拉筋可以保障鍛煉你的肌肉和骨骼的柔軟度及韌度，有些動作更可以收肚腩和胃腩。初做時由於肌肉不習慣給拉緊，所以會痛；習慣了就輕鬆多了，而且會愈做愈開心。因為你看見自己無論身和心都在進步中，包括苗條了、修長了、精神了、年輕了、腦筋比從前靈活了，自然笑容也多了，人變幽默了，不那麼計較了。

如果天生是肥胖型的，那就沒話好說了；若因為愛大飲大食而變肥胖了，就得改變一下生活態度了。

為了山本耀司和川久保玲減肥

山本耀司（Yohji Yamamoto）沒有變，川久保玲（Comme des Garcons）也沒有變，從七十年代紅到今天，仍然堅持本色，黑與白加修長。

當三宅一生（Issey Miyake）也稍稍改風易貌更為大眾化的時候，山本耀司和川久保玲就是一派話之你。你要是想穿件山本耀司或者川久保玲扮型，那麼請你從髮型到身段先要自我改造，以及約束一下。這兩位時裝界祖師大人，是不會遷就你的，雖然你富可敵國，名牌衣飾任你買任你穿戴，但你得要遷就這兩位大師，人穿衣還是衣穿人，是壁壘分明的，他們決不會任由你破壞他們的形象和品味。

我為了可以恰如其分地重新穿上一直擱置在衣櫥一角的山本耀司和川久保玲，就發了毒誓一樣減肥減磅，不讓自己有個小肚腩、不讓自己陀住個胃腩，頭髮也剪短至齊耳。至於飲食方面，平日不再吃零食；但中秋節期間，老老實實，實在忍不住口，吃了半島的、iBakery的、永利皇宮的以及好友連先生送來的香格里拉月餅；過節的豐盛菜餚，因為是鄰居廚神陳太的出品，不能不吃。其他美食，免了。

週末減肥法

前一陣，朋友說正在進行減肥。我問用甚麼方法？她答道：「週末不吃固體食物，只飲水。」我再問：「有效嗎？你捱得住飢腸轆轆的感覺嗎？」

朋友進行了兩個週末，說效果不錯，胃腩縮細了一點，至少穿上稍為貼身的衣服時，不會顯露那塊厚厚的、鬆鬆的「腹肌」。自己感覺良好，出外見人一點不失禮，就十分高興了。於是，堅持這個每週兩天的週末減肥法，當然是完全不可參與任何飯局囉！

我又問：「一旦餓到叫救命怎麼辦？」

她說飲水，沖淡一下胃酸，然後上床睡覺去，希望可以一睡八小時，那麼日子就容易過了。老人家常說：「餓三幾日唔會死人的。」說得也是。

生活在富裕社會的都市人，應酬多，自己也愛美食，加上少運動，於是積在身體內最多的就是脂肪。齋戒期間，就讓那些積存的脂肪報效，釋放熱能保護身體，變成熱量後，脂肪就買少見少了。

讓我也試試看，成效如何，日後告訴你。

分享減肥心得

我正在被迫節食減肥，理由是因為牙瘡做了手術，一邊臉龐變得又腫又痛。牙科醫生陳東慧對我說，多飲水、多休息，依時食藥，不要講太多話；此外，每次進食之後，就必須漱口，不要讓傷口受到感染。

以上的囑咐，我條條都可以遵守，唯獨「講話」這一條，真的有點困難。因為我的工作，加上我的個性，不可能不開腔。從牙醫診所回到家裏，一邊臉仍然又腫又痛，我已經在電話裏頭跟出版社的編輯部、美術部開了一個小時的會。掛線後，傷口痛得跳起，結果不能進食，一整天沒有吃過東西，只是飲水，但沒有餓的感覺。翌日也一樣，可能是那痛和腫的感覺，令人沒有了食慾。

這個時候，我反而有點暗暗高興，跟自己說，這不正是減肥嗎？可是一高興，肚餓就來了。由於機會難得，我就忍，淨飲水，當然也按時食藥。過了兩天，把車子開到汽車服務中心洗車，相熟的經理一見我，便用驚訝的表情問我怎麼瘦了這許多？我一則高興一則說他用的表情也太誇張了，可否平實一點、真實一點。這個被迫「斷食」兩三天的方法很管用，只要你不要太開心，肚餓感覺就不會來。

洗澡也得講常識

在秋天，天氣乾燥，許多人，尤其是女士，都愛每晚淋個熱水浴才上床休息，為一天的辛勞，劃上一個完結的句號。在這種天氣，加上你每日都沖涼，而且沒有過分的體力勞動，淋浴時，實在不必加上肥皂或梘液甚麼的，用溫熱水沖身三幾分鐘，已經可以了。

所有能除污去油膩的成品，都有令皮膚變得乾燥的成分，不然怎麼能去掉表皮上的污垢和油膩。就算這一瓶洗澡液含有多少甚麼牛奶或羊奶，當與去污去油膩的成品變成了泡沫再給清洗時，都會一併給剷除掉的。任何皮膚給清潔、去掉死皮之後，抹乾了，因為濡濕仍未完全去掉，都會有滑不溜手的感覺，但不出半小時，乾燥感的情況就出現了。

所以，為甚麼專家們都會提醒大家，在乾燥的日子也好、平常日子也好，沖涼後一定要全身抹上真正的椿花油來保護皮膚；惟有這種油，才能被皮膚在一兩分鐘內完全吸收，且不現油膩感。清潔劑只有兩種，一種是含 SLS，一種是不含 SLS 的。請謹記。

紓緩膝關節痛

排球教練張老師，來敝公司買了兩塊水牛骨刮痧板，另加一瓶生薑椿花油，說用來應付膝頭痛。甚麼？用刮痧板？我一名同事出於好奇心，向張老師請教。

原來，這位老師不僅是排球教練，也是港隊成員之一，由中學時代一直打排球打到現在快三十歲了，雙手加雙腿的長期舉高扣殺和跳躍，肩膊和膝關節部位都出現了勞損，膝關節尤其疼痛，連屈膝都有困難。

於是，一位隊友就教了她這個方法：首先在膝關節部位抹上生薑椿花油，然後每手各握一塊水牛骨刮痧板，在膝蓋兩邊的小腿和大腿處，上下有節奏地互相配合地做刮痧動作，不必太用力，但刮至出現紅痧點已經足夠。此時的膝關節由於氣血暢順，於是鬆動了不少，即使屈膝也不疼痛了。

如果你有這個膝頭的問題，試下張老師的這個方法。最好每日可以做兩至三次，以擔保氣血循環正常無障礙，所謂氣血通則不痛。就是這個道理。刮痧板和椿花油應該隨身帶着，一旦在外，有路人或自己遇上甚麼頭暈、腳痛、手痛，很派用場。

納豆能養生

納豆是日本傳統的發酵豆（黃豆）製品，不僅有黃豆的營養，還富含維他命K_2，在發酵過程中，產生了多種生理活性物質，具有溶解體內纖維蛋白及其他調節生理機能的保健作用。

納豆也是日本女士的恩物，因為它能抗氧化、促進心血管健康、有助強健骨骼（含有豐富的鈣質和維他命K_2，停經後的婦女容易發生骨折，納豆的攝取可增加骨質密度而減少骨折的悲劇）；納豆含有益生菌有助建立健康的腸道菌群，防止有害細菌的生長。

美國食品及藥物管理局，把納豆菌納入GRAS（Generally Recognized as Safe）等級的菌株，即是把納豆正常添加到食物中，是安全的。

日本的國民食物

日本朋友傳來他夫婦倆為兒子慶祝一歲生辰的照片；照片所見，除了生日蛋糕外，就是加入了少許納豆的稀飯。日本小孩自小已經吃納豆，這種被稱為「國民食物」的納豆，被認為是日本人健康、長壽的因由之一。

我在日本進修時，住進一個日本家庭裏，他們有兩個小孩。晚飯時，每人都有一小盒納豆。我跟他們把納豆全倒入飯面，加點醬油，有時加一個雞蛋，攪拌，與其他餸菜一起吃食。

起初感到怪怪的，難於下嚥；但回心一想，此行目的就是學習日本文化，而且小孩子都吃得津津有味，我怎麼可以打退堂鼓，不久也習慣了。回港後，我把此習慣放入早餐內，連出國公幹旅行也帶幾盒同行。

納豆＋麥片能改善心血管的組合

醫生朋友來電說，他有個病人跟着我在這專欄內教的方法，開始注意飲食也進行了某些食療半年。日前，病人又到他診所做體檢，看看是否可以接種疫苗。醫生朋友說，體檢結果令人滿意。我急不及待問醫生朋友，他那位病人半年前是甚麼健康狀況？

醫生說，那病人是血管有阻塞，像廚房水槽的排水管一樣，一直疏於保養道管內壁有生鏽、積垢，情況頗為嚴重，醫生當時當然建議他食藥。至於病人有沒有聽從建議，醫生也無從得知。半年後，回來再做體檢，情況竟然大為改善，醫生即時詢問原因。

病人答說，這半年來，每日早餐多加了我在專欄提議的食品，就是麥片加納豆。雖然他很怕食納豆，但為了不必吃藥又能改善體質，他天天照吃如儀，習慣了卻又不覺得難嚥下，且漸漸愛上了它。納豆有強健骨骼、清潔腸道和增強免疫系統的功效。麥片可以降低膽固醇、消除浮腫、通便、預防骨質疏鬆、防止貧血、降糖、護膚等。兩者混着一起吃，有助增強體能。

不過，納豆不是仙丹，患有胃潰瘍、胃炎、腎功能衰竭、尿毒、痛風及剛做完手術傷口未癒合者，最好不要進食。

血壓高有甚麼危險？

鄰居買了個家用電子自動血壓計，於是引來親朋戚友上門玩量度血壓。座中有醫生幫忙量度，一旦知道自己血壓正常就歡呼一聲；因為高血壓是隱形殺手，它會導致冠心病和心臟病發作、心臟衰竭、中風、視網膜血管病變、腎衰竭。

據衛生防護中心資料顯示，在香港，患上高血壓的成年人非常普遍，約三位香港成年人就有一位是高血壓患者，而過半數竟然不知道自己是患者。高血壓是一種慢性疾病，表示動脈血管壁所承受的壓力持續處於高水平。所以，十八歲以上的成年人應至少每兩年量度血壓一次。

預防勝於治療，專家給我們的意見是：

一、減少攝取鹽分。

二、均衡飲食。多吃蔬果、適量的五穀類、魚類、果仁等。

三、保持體能活躍，避免久坐。以我來說，我每日都做拉筋至少十五分鐘，做家務如洗廁所、抹地、吸塵，讓身體活動至微微出汗。

四、不要讓自己肥胖，不要養個胃腩和肚腩。

五、不吸煙。

六、不過量飲酒。

七、要有充足的睡眠。

八、保持心情開朗及知足，不亂發脾氣。

泡腳的適當時間

大家在討論浸腳養生的問題，其中一條問題是，甚麼時間泡腳最適當。我認為最好是睡覺前，當雙腳浸完之後，再穿上寬鬆一點的棉襪子，把暖和留着，然後上床睡覺去，擔保你一覺到天明。

這個方法對失眠的朋友來說，是非常奏效的，特別當你在熱水中加入了少許艾粉和薑粉，攪勻，雙腳浸入水中，水位到足踝已經足夠，泡它二十分鐘，然後用毛巾印乾。泡腳一定要用熱水，那熱度是你能夠接受到的。熱水其中一個作用，是加速血液循環，像在做運動一樣。謹記泡腳後切勿沖水，不然會前功盡廢。

為甚麼我總愛推薦用艾粉加薑粉來泡腳呢？因為這個配方全年可用，對風寒感冒、關節病、類風濕、咳嗽、支氣管炎、肺氣腫哮喘有紓緩作用，又可以改善靜脈曲張。對於腳氣、腳汗、濕疹、手腳麻痹或瘀血，都有一定幫助。

天氣一旦轉涼，為了增強抵抗力，用艾粉加薑粉熱水泡腳，實在是個好主意。假如身體平時都有各種大小病痛的話，為了健康，每晚都用此方法泡腳，是有利無害的。

孕婦可以泡腳嗎？

讀者問了一個很值得大家注意的問題，就是孕婦可以泡腳嗎？

大家都知道泡腳其中一個效果是讓氣血運行順暢、驅除寒冷、寧神助眠。但泡腳說甚麼都有興奮作用，對於剛有身孕的婦女來說，為穩陣計，我不建議她們在頭三個月此時期泡腳。

真要泡的話，應待胎兒穩定了，到了第四個月，才好泡腳。

應注意的事項：

一、不要用大熱水，恐刺激血液運行過速，影響胎兒；

二、用海鹽加入熱水內泡腳。鹽有消毒作用，可以保護孕婦的衛生。同時又可以禦防感冒。此外，孕婦經常有腳底冰冷的現象，用海鹽熱水泡腳有助貫通腳部與腎之間的血管，促進腳部到腎與心臟之間的血液循環，並增強免疫力和消除妊娠期的水腫；

三、飯後不要立即泡腳，應待一個小時後才進行，因為會影響準媽媽胃部血液的供應。

黃霑與臨睡前泡腳

在讀者會上，有人問我如何得知晚上臨睡前熱水泡腳的好處。這個淵源嘛，與黃霑有關。霑叔知道我喜歡寫作，就熱心地介紹許多作家給我認識。某日，他說約了將赴紐約進修電影的李默和來自台灣的娛記張樂樂吃晚飯，叫我一起出席好認識她倆。

那一晚吃飯的地方，是中環雪廠街FCC。霑叔還帶了一瓶紅酒，邊講邊吃邊笑。飯後，霑叔意猶未盡要找個地方繼續吹水，李默提議上她家。於是，霑叔開車過海直奔勝利道李默家去。當時已經差不多晚上十點，屋內的李媽媽正在看電視，看見霑叔也來了，開心得不得了。

霑叔卻一次又一次地問：「伯母你洗咗腳未呀？唉，伯母你夠鐘洗腳囉嚅！」我當時不明白，只覺得霑叔好搞鬼。李默和樂樂卻笑彎腰。李媽媽終於領悟過來，笑着說：「我去瞓覺嘞！」原來，霑叔是在「敦促」李媽媽離場，不要妨礙我們。

古時中國人養生之一，是每晚睡前用熱水泡腳二十分鐘左右，以助安眠。那一晚，我就學曉了這一招。

梳個靚頭瞓個好覺養生法

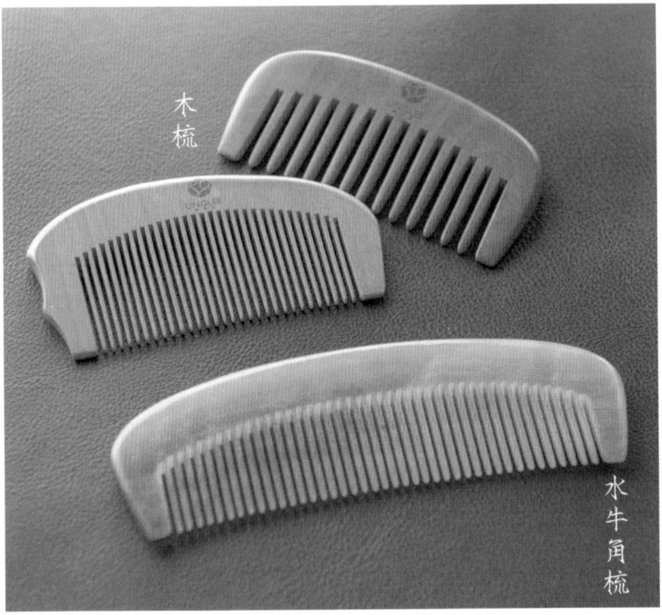

向中醫師 Erica 請教，關於梳頭養生的訣竅。原來，最好的時間是每日臨睡前（不管是甚麼鐘點，總之臨上床前就最佳），梳的動作是整個頭全方位地梳，即是從後頸位置向前梳、向後梳，然後從左邊向上梳，再由右邊向上梳。

一直以來，我習慣梳二十下，因為平日其他時間也會梳，合共是一百下。不過，中醫師說，臨睡那一次的梳頭，最理想是五十下，讓全身氣血循環得更好、更暢順。如此，就不會有失眠的情況。

許多人不敢梳頭，尤其是女士，因為怕因此掉頭髮，最後掉個清光。首先，我們要明白，禿頭是有家族遺傳的，這個無可避免。在正常情況下，好好地多梳頭、多按摩頭皮、保持頭皮清潔，就算有頭髮掉脫，也會迅速生長、補充，而且會更茂盛，像植物受到妥善照顧一樣的道理。

記得母親常說，不要隨便把頭髮拔掉（因為許多女士會把白頭髮拔走），這是很危險的。因為拔頭髮時，往往把毛囊也拔掉，用來孕育頭髮的毛囊消失了，還會長出新的頭髮嗎？這是個很顯淺的常識啊！所以，手多拔頭髮這個惡習要切戒。

應用甚麼梳梳頭

提醒大家一下，梳頭養生使用的梳子，應該是木梳或水牛角梳。水牛角本身是一種藥用價值很高的藥材，它可以清熱、涼血、解毒，還可紓緩喉嚨紅腫、小兒驚風等。

要使用木梳和水牛角梳來梳頭，其中一個重要原因，是它們都是天然材料，梳頭的時候不會因為跟頭髮產生摩擦而出現靜電。大家都知道，靜電會令頭髮斷裂、打結。至於水牛角梳，在梳理頭髮、按擦頭皮時，它的藥理性能會滲入人體，幫助促進血液循環，消除頭皮屑。

人體的許多重要經絡都在頭部，只要每日用木梳或者水牛角梳給予適當的按摩，即可以起到通經絡、活血氣、促進血液循環暢順，並能滋養頭髮。

曾經有過一個問題，就是如何辨到水牛角梳的真假？專家都認為，市面上的水牛角梳，真是難分真與假。最基本的辨認方法是，真的水牛角梳在梳頭時不會出現靜電效果；在受熱情況下，真的水牛角梳會有臭味。此外，拿在手裏有重身的感覺，跟塑膠造的一比，你會自然感覺到孰真孰假。同時，用水牛角製造的梳，一般都有紋路。還有一個辨別真假的方法，就是放入一盆水中。真的會即時沉底，假的就會浮面。

木梳與水牛角梳的保養

水牛角梳質地比較脆，所以不能摔。此外，不能潮濕，假如長時間放置於潮濕的地方，它會出現不同程度的彎曲或變形。故此，平時用水牛角梳梳完濕頭髮之後，要立即抹乾。

我自己則使用木梳，來作頭皮頭髮的護理和養生。木梳的好處之一是不怕摔爛，價錢亦比較大眾化（我當然不會使用華而不實、價錢又出奇地昂貴的木梳）。在保養上有一點非常重要的，就是保持清潔。兩種由天然材料製造的梳子，都要潔淨、遠離病菌，防止頭皮病的傳播；因此，必須勤清洗。

水牛角梳和木梳的清潔方法都一樣，浸在肥皂水中十分鐘，然後用舊牙刷逐枝梳齒擦洗，用清水洗淨後立即抹乾。我愛用木梳的另一個理由，是可以常更換一把新的，以保清潔。

消除惱人頸紋有辦法

歲月總是不饒人。女人隨着年紀的增長，頸後面與背部連接的部分由於脂肪積聚的關係，會變得愈來愈厚；既難看對健康也不好。在日本，女人頸後的部位很重要，她們的和服全身上下都包得密不透風，但就露出頸後部位來。康端康城在他的名作《雪鄉》就有過對女人穿着和服時露出頸後的描寫，認為那是表現女人最性感的部位。頸項同時也是顯示這位女士是否優雅得體，重視個人儀表的所在；所以不能讓脖子出現一圈一圈頸紋的情況。是以保養頸項就變成刻不容緩的功課。

試試以下簡單而有效的動作，一定可以幫到你：

一、先在頸部抹上適量容易被皮膚吸收的椿花油，然後用雙手手背交替地從下而上抹掃頸項至少三十下；早晚各做一次。

二、將右手指併攏，手掌半曲。然後包覆左半頸部，從頸背向前做搓揉動作三十下；之後換左手做右半頸部。早晚各一次。做之前記得抹上保護皮膚的椿花油。

野生山茶花果實，用來榨取椿花油。

椿花油

椿花油是來自日本千百年來的護膚護髮秘訣，它由野生山茶花籽提煉而成。

當椿花油抹在皮膚上時，它會慢慢滲入皮膚，因為人類皮脂的中性脂肪（油酸）與椿花油含有的油酸成分相同；所以當椿花油抹在皮膚上時，就會跟皮脂中的油酸出現親和作用，亦同時補充了皮脂因種種原因的流失。皮膚一旦獲得呵護、改善，自然就會健康，不再有暗瘡、痤瘡、皺紋、雀斑、日曬灼傷等等皮膚問題了。

去掉難看 bye bye 肉

朋友 Lilian 今年四十多歲，日前去參加了一個健身課程，目的是要去掉「蝴蝶袖」，指的是胳膊下那鬆弛了的肌肉；這是缺乏運動的女士們普遍現象。香港人稱它為「bye bye」肉。一旦穿着短袖或冇袖衫時就露餡了。我跟 Lilian 說不必去健身室，就跟着我這個方法天天有恒心地去做；好快，蝴蝶袖就消失了。

一、雙手向兩側伸開，手掌向上。兩手臂向後扭轉，像擰毛巾一樣，讓掌心完全向上。重複此動作數十次（至少四十次啦）。有空閒就做。

二、兩手握拳，彎曲，讓拳頭輕置於肩上；然後擴胸。以肩上拳頭為軸心，手肘做畫圈動作。朝前做三十次，朝後做三十次。

三、直立，雙腳稍張開，保持平衡。十指交叉舉高雙臂，手掌朝上。首先盡量往上拉伸，然後與身軀一起伸向右邊；五秒後，直立，然後與身軀一起伸向左邊。如是者各做二十次。這個動作可以一併令胸部韌帶結實，也可令身體側面的線條緊緻。

四、洗澡後全身擦上容易被皮膚細胞吸收的護膚椿花油。然後模仿老鷹拍翅，把雙臂夾緊，用曲起的上臂拍夾身體。記得手臂須用力，拍夾二十下；做完後，雙手須向兩邊伸開，恢復平舉狀態；一邊呼吸一邊把雙手放下。

五、用左手拍擊右手上手臂內側，又以右手拍擊左手上手臂內側。如此交互運動，每天拍擊一百下。必須拍打出「啪啪啪」的聲音，這樣肌肉才能給拍擊出效果；如果怕痛，可以把手掌半曲，再拍打手臂內側。要有效地去掉bye bye肉，這些動作必須有恒心地天天做；就算不能短時間內完全去掉bye bye肉，也能令身段的線條變得優美、耐久。

祛濕藥材包

小時候，母親一俟陰晴不定、連場大雨的季節，就會煲一種粥給全家食用，叫做祛濕粥。

要是她沒有時間上市場的話，就在一張白紙上，用墨水筆（影響了我今天仍然用墨水筆寫稿、做功課）寫上材料，交給我去藥材店「執藥」。「藥」箋最後會註明價錢，講明是粥，所以我媽會將適量白米加入這些藥材一起煮粥。當白米給煮至綿稠，就是即將煮熟的意思，我媽就會放入適量片糖再煮至全熟。所以，我小時候吃的祛濕粥是甜的。我媽喜歡用片糖調味，因為她說有養膚及健體功效。近這十年八年，已極少飲祛濕粥，莫講是湯。

一日，經過藥材店門口，看見一包包祛濕湯材料，順手買了一包回家研究。材料與我小時候認識的大同小異，只有兩種是陌生的，一種是澤瀉，另一種是川萆薢，根據包裝袋上的說明，都同屬利水的藥材。

不得不讚美這些藥材店的專業精神，包裝袋上還註明這是多少人飲用的份量，以及每一種藥材的功效。

去了濕氣重現亮麗

好朋友 Helen（郭倩雯，前 TVB 新聞部女主播）在電話留言說，我在養生書內分享的健康養生方法，既管用又簡單，無論是甚麼人家還是平民百姓，都負擔得起，她指的是拉筋和泡腳。Helen 又說，剛過去的夏天特別酷熱，「我主要使用你的提議，盡快健脾祛濕，然後做滋補提氣的功課，使之成為每日必做的事。」

此外，她又提到我講吃米飯的好處。這個當然囉，我們是世世代代吃白米飯得以子孫繁衍的民族呀！不過在今時今日不愁食物短缺的香港，白米飯每日吃一次已經足夠了，而且最好是半飽，餸菜也不要太豐富，但必須有營養及均衡。

對於日日吃個滿堂紅，兼且大杯酒、大塊肉的你而言，忽然清淡起來，可能十分不習慣，瞓至半夜還會有餓醒的情況。我也遇過這種情形，如何解救呢？我會起床飲半杯暖水，按摩一下胃部，好快又會睡了過去。過一段日子，直至胃部縮小了，就不會再有這種餓至乍醒的情況。不然，你可以在睡前兩小時飲杯熱牛奶，很有幫助。

清減之後，身體濕氣很快便隨之煙消雲散，人變得精神了、亮麗了。

清晨面目浮腫急救法

晨早起床做完一輪柔軟體操及拉筋後，就是清潔時間了。走進浴室我的第一件事是照鏡。看看飽睡或半飽睡一夜後的自己有沒有走樣。例如有沒有口腫面腫。因為許多人臨睡前喝酒、飲大量的水、吃偏鹹的零食等，翌晨醒來都會出現面部眼部浮腫的情況。心裏即會有種怎麼見人的擔憂。有辦法解困嗎？當然有。

一、凍牛奶療法

先將兩片化妝棉浸入凍牛奶中，然後敷在浮腫的眼皮上約十分鐘。再用另外兩片化妝棉浸滿牛奶後敷到面頰兩邊。也是約十分鐘。然後用溫水洗淨即可還原你那滑淨緊緻的樣貌來。

二、敷面膜

細胞的再生活動在這段清晨時間差不多降至低點，加上水分聚積於細胞內，淋巴活動能力又變慢；所以早晨的你才會眼睛浮腫。這時候不妨用兩片青瓜每隻眼皮敷一片，敷十分鐘左右；此法可收緊眼袋。如果臨時找不到青瓜，可用你平日用來收緊皮膚去濕疹的蘆薈修護精華素來當面膜、眼膜敷個十五分鐘左右。

三、浸熱水浴

浸浴有助身體排出多餘的水分，刺激身體的血液循環，加速新陳代謝，有效去水腫。每次十五分鐘左右，也可在熱水中加入少許美肌食鹽。如果家中沒有浴缸的話，可改做熱水加鹽泡腳，但水要浸至膝下。

美白牙齒不求人

小時候聽長輩説，一個人如果擁有一口潔白整齊的牙齒，此人的一生必定衣食無憂。從此我每次照鏡時都會審視一下牙齒，看看是否整潔。因為我希望自己一生衣食無憂。人一直在長大，內分泌、食物的色素、衞生整潔的習慣等，往往令牙齒變黃又變質；所以日常的護齒功課是不能忽略的。今日教你幾個潔白牙齒的天然方法。

一、多吃蘋果。蘋果的纖維有助清潔牙齒；而蘋果的蘋果酸能去除牙漬，溶解染在牙齒上的食物色素，清除牙斑菌；同時防止牙齒變色。

二、多吃深綠色的蔬菜。例如菠菜，西蘭花；因為它們所含的礦物質能夠為牙齒造成一層保護膜，讓食物色素不易沾染而變黃。

三、如果你的牙齒目前黃黃的不夠潔白，希望有快速的天然方法令它們潔白漂亮。我推薦你用小梳打粉加幼海鹽刷牙，馬上見效！用濕牙刷沾上小梳打粉再沾點幼海鹽刷牙，連續使用兩天（早晚刷牙時用）；以後每星期一次。既能美白牙齒又能消除牙痛及牙周病。

消滅牙斑菌促進牙齦健康

簡先生寄來天然護齒潔齒方法，說要跟讀者分享，在此多謝簡先生。

香蕉皮：用蕉皮內側白色部分磨刷牙齒表面，直至牙齒表面形成膏狀物，十至十五分鐘後如常刷牙，你會看見牙漬和牙垢淡了許多甚至消失了。因為香蕉含有豐富的礦物質（鉀、鎂和錳）能被牙齒吸收，而且香蕉沒有腐蝕性所以不會對牙齒做成傷害。

草莓：把一個草莓切開，然後磨刷牙齒表面直至形成膏狀，一分鐘後如常刷牙。不可停留太久，因為草莓含有糖類和氨基酸，容易損害牙齒；但它含有的葉酸和蘋果酸卻能去除牙漬和污垢。

菠蘿：用紗布沾取菠蘿汁來刷牙，可以清除牙漬。因為菠蘿含有的菠蘿蛋白酶，是很好的美白及牙漬消除劑，能夠清除牙床的細菌、斑漬和污垢，鞏固牙齒促進牙齦健康。

CHAPTER 3

愛自己，好好生活

苦悶的時候，窗外陰霾密佈的時候、快要掉入憂鬱的時候，定要尋找情感的出路。

如在家，我會把全屋的燈火啪啪按亮。

一室光亮會令人情緒安頓下來，有溫暖又安全的感覺。

減壓沒有難度

無論男女無論甚麼年紀一旦遇上壓力，如果不及時疏導的話，皮膚變差不特止連樣子都變差了，搞到雙目無神了無生氣。用一個字來形容——「殘」是也。有減壓的方法嗎？有。以我自己為例，因為生活上涉及的範圍多，壓力相對地也多。

我減壓的方法是運動。我的運動包括了拉筋、做家務、上菜市場和煮飯。還有，不斷學習。這些「活動」都必須要專注。一旦集中精神去做某一件事，其他顧慮就會被拋諸腦後。特別是煮飯烹飪這種事。一來對所有烹調步驟要一清二楚；二來要打醒十二分精神留意食物的味道和變化；三來要留意廚房的安全；四來當成品完成及香氣四溢時，未入口已經給自己無限喜悦。一旦美味可口人人讚好時，你已經開心得飄飄然，甚麼煩惱甚麼壓力都忘記了。

與其坐困愁城浪費時間，不如打起精神重返課堂，做個學生好好學習增長知識，也為自己增值。一個人一旦有點成績，自信心就回來了，心情開朗了，健康和皮膚亦自然好起來了。

肝好情緒好

讀者來信：「你好！是李小姐嗎？我是素食者，如果不吃豬肝，請問可以如何補肝？」

肝藏血，負責血液的儲存、調節和分配，是維持我們生命的基本元素。肝功能如果不佳，會使人心情低落、容易發脾氣。如此說來，肝功能正常，自然情緒穩定、正常；肝功能好，我們自然血氣足、皮膚飽滿紅潤，精神爽利雙目有神。

有人認為以形補形，要肝臟正常必然是多吃豬肝這種內臟。那麼，對素食者來說，不能吃豬肝不是很糟糕嗎？原來，許多非素食者也是不吃或不能吃豬肝的。其實，在我們身邊，有很多食物都有護肝補肝功能的，例如豆腐、雞蛋、牛奶、魚類、芝麻、露筍、紅蘿蔔等，都是美味又能補肝的食物。

自小，母親就常煲夏枯草片糖茶給我們喝。現在我也照辦煮碗，久不久就煲一鍋夏枯草片糖茶，給全家人當茶水飲用，旨在疏肝護目。

正所謂肝好人也美，情緒穩定，便能生活愉快。

註：夏枯草片糖水的做法，見第八十二頁的〈熬一鍋親子保健茶水〉。

創造我們的福地

母親最愛一邊執拾房子一邊教訓我們說：「福人住福地。」她的意思是，家居整齊乾淨舒適十分重要。

所謂室雅何須大，不管住的地方是茅寮還是幾千呎的大宅，如果住的人會把地方執拾乾淨，床是床、凳是凳、飯枱是飯枱，安排有致，留有空間，窗明几淨。雖是百呎斗室，這無疑是福地，而住在裏面的人就是福人了。

某名人酒後訴苦説最不想做的是回家，因為一踏進家門，眼前就是亂得水洩不通的大廳。住二千呎的時候如是，搬到現在的三千呎亦如是。

雖然請了兩位家傭，某名人一旦責備她們時，她們就委屈地説是太太不許隨便移動廳房的任何物件。於是物品愈積愈多，成了垃圾崗。

本來的福地就因為家主之一的疏忽，變成了荒地。某名人就有了藉口在外面另置一頭家，一頭他夢想的安樂窩。

一間風水先生看來可能是凶宅的屋，往往因為住進去的人識得愛護和打理，變成了福地，讓一屋的人愉快健康、事事順遂，成了福人，幸福的人。

擺脱壞風水

喜歡久不久便將家居擺設調換一下，例如把小凳子從右牆角搬到左牆角擺放，常有點轉變的環境，看起來很不一樣，我稱作新鮮感。風水先生説，有變動才有生氣，不然就是一潭死水，會發霉的。所謂好風水、壞風水，看來亦不外如是吧！是以我們常笑説，懶人的家居難有好風水。

有個朋友，衣食無憂，快六十歲，但終日愁眉苦面，周身小毛病，就認為房子風水差，於是另買一個全新一手新居。原以為他必然歡天喜地，但他説跟從前沒有兩樣，仍然心緒不寧。於是，請我去他家看看哪裏出了問題，是否牆角有不祥物。打開大門，映眼是一袋三盒兩年前從舊屋搬過來的傢俬雜物，依然未拆安放；梳化上堆放的是晾乾未摺的衣服；廚房流理台上全是未洗的杯碗……回到家來，人會心情好嗎？不頭痛、鼻敏感才怪呢！

最美妙的家居風水

遇到從未見過面的讀者Peter，他與高采烈地多謝我，説他依足我許多年前，在電台節目中教的家居風水來佈置居室，終於改善了家中各人健康和彼此的關係，融洽了許多。我連忙問道，我在節目中講過甚麼有關安居樂業的家居風水？因為這不是我的範疇，必然是與主持 chit chat 的時候所分享的心得。

Peter 答道：「你教我們在家中，不可擺假花，要擺就擺真花。」噢，我記得。這不是我的發明，是觀塘 APM 建築師兼設計師蔣匡文教我的。我聽完分析之後，覺得很有道理，自此家中沒有擺放假花（但辦公室可以，不過也是可免則免）。

家，是我們起居作息的地方，一定要明亮、整潔。假花，許多都是不能洗滌的，也不會變色走樣，但會積聚很多塵埃污垢細菌病毒。家人與「它們」日對夜對，如果抵抗力不夠的話，後果會如何？

至於新鮮花，因為要護養如施肥加水，甚至更換。每日都有成長新面貌，不僅帶來新鮮感、生氣、責任感，而且令空氣清新。家居生氣盎然，家人情緒溫善，自然各人安康永展笑顏。這是很簡單的道理。

遇強愈強，永遠年輕的秘訣

心理健康正常與否，其實也直接影響我們身體的健康、皮膚的健康、容貌的美觀以及養生的功效。要天然美的其中一個關鍵，就是一定要天天保持好心情。人生中那會沒有大喜與大悲？那會沒有歡笑與淚水？能夠在苦哈哈的日子裏時刻瀟灑、處事從容，這要有多高的EQ（情緒商數）才可做得到？但你、我都可以做到。多少年沒有聽到人家提及這個很激勵人心的愛爾蘭諺語了：

When the going gets tough, the tough get going.

今日卻偶然在耶穌會周守仁神父的訓導中看到。心底那本已因近年的種種變遷而幽暗了的一角遽爾給燃亮了，彷彿醍醐灌頂。人，縱使渺小，但遇強愈強這一點勇氣還是要有的。村上春樹說：能夠從沙塵暴中逃脫出來的你，已經不再是那個曾經陷入沙塵暴中的你了。已經脫胎換骨了。

當你，曾歷過風高浪急的洗禮，還有甚麼可怕的呢？人，有了自信心自然就神清氣爽，一臉寬容。大家見到的就是一個和藹可親的你。這也是永遠青春的秘訣。

花藝治療驅走憂鬱

喜歡花草的人往往心裏充滿陽光。花藝是一種創作，是世界共通語言，幾千年來一直伴隨着人類的文明生活。

因情緒而產生的身心困擾和疾病，是今日社會正面對的一個最嚴重問題。一個終日鬱鬱寡歡的人，如何有正能量有好皮膚呢？研究顯示，當人與植物接觸或身處大自然，馬上心平氣和，產生正面情緒。花藝治療正是一種非常有效的輔助治療工具。我十分鼓勵大家無論多忙都抽點時間做點花藝活動，如插花。一盤親手擺設的鮮花，不但美化家居也美化自己心情，有效紓緩情緒困擾和改善身心狀態，促進健康，積極面對人生。

研究顯示，一個樂觀常露笑顏的人，各方面都比較健康。大家知道正面情緒提升免疫力。而壓力不止影響情緒，也擾亂賀爾蒙分泌、神經系統及免疫力系統。很多長期疾病也與免疫系統有關。這些病人除求醫之外，也應該培養正向心理，多方面紓緩病情。所謂「正向心理」，是調整自己情緒，透過花藝治療來提升健康，提升皮膚質素。

插花時心要專注。選購花卉時要考慮家裏花瓶是否匹配。若多過一種花，主、次安排須分明，考慮平衡。整瓶（盤）花與安放環境是否配合等。

幸福感

鄰居一個小男孩教我飲牛奶時，放進一小茶匙威士忌，會好好味。我依他的提議做了，那不是好好味，而是有一種令人愉快的口感。

正如每次食雪糕都會倒入一點梅酒或者日本清酒，雪糕的冷凍和甜滑的口感，一下子給提升了，啖在口裏有種幸福的感覺，一切煩惱都忽然倏地消失了，留住了感激。有知恩心的人是不會有隔夜仇的，但不等於你仍然以他為好友，他不會再在你的生命軌道同行。

幸福在乎的是滿足感

日本人愛把幸福二字掛在口邊。簡單如一個麵包，師傅也會做到讓顧客放入口中咀嚼時，發出令人感到幸福的味道，這種幸福的味道就是滿足。前一陣子，因為捱夜至口腔兩邊都生了牙瘡。手術後，醫生吩咐不能吃硬的，也不能吃熱的。結果吃了兩個星期雪糕，每一碗雪糕都放入不同的酒，今次是純米大吟釀，下一次是 Limoncello 或者琴酒或者拔蘭地，所以一點也不悶蛋，還可以比較一下混進了不同酒類的雪糕，一旦留在口腔裏、喉嚨裏是否真的各自各精采？

正如鄰居的小男孩飲牛奶時加一點威士忌，他說非常有滿足感。

幸福源自彼此包容

於我而言，每天睡醒，管它藍天、陰天，還是下雨天，心裏已經充滿感激。活着就是幸福，活着就有希望。我喜歡忙碌，那是存在的一種證據，故忙碌是快樂，而不是掙扎求存。因為快樂，所以曉得尊重彼此的關係、尊重彼此的文化、尊重彼此的信仰。

偶然看到一篇文章討論青少年的信仰取向：「不少天主教的青少年轉移到基督教的團體，是因為他們在那裏找到同伴和適合他們成長需要的空間和團體凝聚力，信仰為他們也變得生活化，更成為他們個人成長動力之一。」這就是包容和尊重。

惟其如此，父母與子女才沒有代溝，沒有代溝的家庭，自然氣氛融洽，凡事有商有量，我們中國人重視家和萬事興。但總是事與願違，本應父慈子孝變成無仇不成父子，父母始終是長輩，明理親和、以身作則是十分重要的。

深呼吸療癒壞皮膚壞心情

出版社編輯問我，當情緒低落、工作不順並胸口鬱悶時，有沒有即時紓緩或者化解方法。

我想起吾友黎炳民醫生，幾年前在我的養生講座上擔任嘉賓主持時，亦遇上同樣問題。不過，那位讀者多了一份擔心，就是長期的情緒低落會影響皮膚。

黎醫生的回答是，一旦出現這情況，立即放下工作，來個腹式深呼吸，即是橫隔腹呼吸法。每次做至少十次。它會令血含氧量增加，不但令人放鬆緩解鬱結情緒，也會使皮膚變得皮光肉滑。進一步說，這種呼吸法也會令腦細胞氧分充足，減少老人癡呆的機會。

方法是：用鼻孔深深吸入空氣至腹部隆起（因為空氣把橫隔膜壓低，腹部自然隆起）。不要馬上呼氣，要把空氣留住至少十秒。然後徐徐把空氣自橫隔膜上升經肺部從口腔呼出。

這方法可坐着做、可站着做，或躺在床上做。深呼吸的好處，除前述外，還令血壓和心跳降低。令身體放輕鬆，有平靜壞心情及減壓功效。

壓力

一位相熟的神父來電說，他堂區有幾位教友，因為這個不知何時了結的疫情而患上抑鬱症，終日神經質地問人點算好，搞到神父一時間都束手無策。

世界上最不容易做的一件事，就是做輔導。你天花亂墜地講完一輪，聽的人可能會反問：「你憑甚麼認為你的方法可行？」亦可能他依你的勸導做了，但抑鬱依然。正如我很奇怪，一些沒有婚姻經驗、養兒育女供書教學經驗的人，竟然做起婚姻輔導員來。憑甚麼？所以，我非常佩服精神科醫生們的工作。但聽說精神科醫生自殺的個案也不少。

大家成長背景不同、工作環境、家庭環境各有各精采，她或他走來找你，面青口腫地說是不止一次的家暴，也報過警。你別無他法地說：「不如分開吧！」都沒有把「離婚」二字說出口，他或她已經「阻攔」你並說道，「我有信仰，不可以離婚。」你作為傾聽者輔導員，一下子變了壞人，自討沒趣。

做輔導就如去探望患了重病的人，望着他或她痛苦的樣子，除了心酸，完全講不出一句恰當的說話。因為你不曉得那痛楚有幾深？病人的心情有幾沉重？

多一個朋友多一扇窗

多識一個朋友，彷彿多開了一扇窗，看到了新鮮事物。

因為工作關係，認識了種植憂遁草的鍾遠秀，在這之前，我從未聽聞過這種草藥，於是上網搜查學習，原來憂遁草意即「延續生命」，讓憂慽遁逸。憂遁草主要功能為清熱解毒、消炎散瘀、利尿、調經止痛，傳統用於腎結石、皮膚病、高血壓等等。

這是一種無毒的野草，在服用期間，請不要同時間服用其他藥物，不然的話，效果不彰。而且要戒口，例如必須戒吃泡菜酸物，如酸薑、酸蘿蔔、醋等等；亦必須全面戒牛肉、羊肉、雞肉、鴨肉、烏雞、乳鴿、鰻魚、鱔、人工養魚，也要戒吃熱性及過甜水果，如荔枝、龍眼、芒果、櫻桃、蕉、榴槤等。

除此之外，還要戒牛奶、芝士、朱古力、蜂蜜等所有糖類、甜品和蛋類。其他如補品、煎炒炸燒、辛辣食品，麵粉製品如麵包糕點等，一律戒吃。未完呀，花生醬、花生油、芥花籽油也不能沾！據檢測證明，對健康最有保障的是野生山茶食用油。

憂遁草的治病故事

鍾遠秀是個廠家，十一年前因太辛勞而患上肝癌，幸好未有擴散迹象，當然是前往專科醫生處診治，但未見好轉，以為實死無疑。偶然看某電視節目，說馬來西亞有一種可以抗癌的憂遁草，在癌細胞未擴散前，每日飲一杯，可以見到成效云云。

於是，她立即前赴馬來西亞探尋，並帶回一小棵有根的，在香港買地種植。她每日用乾品憂遁草（連枝帶莖的）煲水飲，連續飲了六個月，身體感覺良好。於是凡有人需要憂遁草的，可以隨時來採摘，不收分文。為了好好保養身體，她一家人索性在菜園附近居住，並種植蔬菜，收成後自用及分送親朋戚友：「我們的瓜菜不賣的，送的。」健步如飛、身體結實、皮膚紅潤的鍾遠秀開心大笑地說道。

後來，她媽媽患了淋巴癌，在情況變嚴重前，鍾遠秀用一百片憂遁草嫩葉、一個蘋果、一個牛油果和奇異果，每日混合打成汁液給媽媽服用，也是連飲半年，身體一樣感覺良好。鍾遠秀說，無病無痛者，也可以飲用作健體養生。

當然，這是民間偏方，要因應個人體質而定，我在此姑且一錄，病情嚴重的，一定要延醫治理，不可延誤。

時刻裝備自己

近兩年，越來越多周邊朋友患上抑鬱症。我想，可能是一向太幸福，是以缺乏危機感吧！本來一早訂了機票、車票，準備大假，待黃金週的日子飛歐洲、飛紐約、飛日本、飛上海北京的，一個全球疫浪，把計劃統統化為泡影，是發夢都沒有想過會搞到如斯田地的吧！

大家一下子都變得難以接受現實，也一下子對前景、對同事朋友，失去了信心。精神萎靡心事重重的人，能容光煥發到哪裏去？我從來都強調，天然護膚養生健體，一定要包括良好的精神狀態。有錢的人當然容易抽時間去玩玩琴棋書畫、高爾夫球、泡溫泉、打八段錦；那些必須為兩餐、為一家大小，天天上班拼搏，下班去兼職的基層又如何呢？回到家食飯（能有這樣的生活，已經好理想）沖個涼，已經是一日活動的極限，最好能立即跳上床呼呼大睡去。

幸好世界上有種叫做「窮風流、餓快活」的自療心態，好讓自己在困境都能樂觀生活，不被環境打倒。在疫情的新常態下，我們必須保持樂觀心態，同時要培養危機意識，假如真有事發生時，可以堅強面對，不會崩潰、嚎哭。

養生從幽默感出發

我那住在波士頓的作家朋友王尚勤，一日傳來兩則關於她的兩位外國好朋友，如何養生保健康的方法。

一位名叫 Mary Nicholson，今年一百零六歲；另一位名叫 Betty White，今年九十九歲。她倆的共通點是仍然行動自如、頭腦靈活。永遠 well dressed、頭髮整潔。尚勤說，Mary 目前住在安老院，她分享自己的養生方法，是每天都飲牛奶，而且是全脂的，還會喝一點威士忌。

在此疫情期間，Mary 曾經兩次中招確診，幸而都平安痊癒出院。她說，經此一「疫」後，感到自己的身體情況比病前更棒。她從來不揀飲擇食，認為均衡飲食對健康很重要。Mary 終身未婚，有人說這個是長壽健康的契機之一！

至於九十九歲的 Betty，很愛笑，永遠生動活潑，每日都會化個靚粧、愛飲伏特加。她倆都是酒友，都不愛節食，都充滿幽默感。事實上，有幽默感的人最懂得自嘲，而曉得自嘲的人最能放開懷抱，沒有事會令他們憂愁超過一個月。同時，學識自嘲的人都謙虛。

否極一定會泰來

喜歡秋天，因為秋天過後就是冬天，冬天過後就是春天，一個充滿希望與期盼的季節。總記得中學唸的一課書，朱自清的《春》：「盼望着，盼望着，東風來了。」東風一吹，春天就來了，尤其是當身處艱難時期，又看不清前景，正在惶惶不可終日。這段日子，一定要提高自己的 EQ（情緒商數），一定要為自己的惶恐找尋出路。

我的方法是，會靜下來細心想想自己這惶恐是因何而來？想到了，我就會自問為甚麼會因此事而感到忐忑不安？是因為我太着意得失？成敗？我這種着意是來自我的驕傲？貪心？好勝？如果真的輸了又如何？人的一生雖然苦短，但有高有低有起有伏，這才是正常的人生呀！否極一定會泰來。

在低谷時，該努力裝備自己，待機會一到就可以一躍而起了。就算運數跌至谷底，也該常常保持笑容、積極生活。有笑容等於心寬，不再忐忑，而且平易近人，機會就來了。要知道世界上失意的人不僅得你一個，面對大環境的不可知，也不僅得你一個。就算變得一無所有，只要命在、健康在，世界還是你的。

學曉照鏡認識自己

怎樣才算是心理健康？讀者朋友問。我回答會去請教讀 Mental Health 的朋友。對方奇怪地反問：「這種問題不是該去請教精神科醫生嗎？」

去到精神科這個範疇，相信已經納入了病患，要吃藥要住醫院。至於心理健康則較為普遍性，對人的嫉妒、無理猜疑等等，也算是心理不健康的表現，但未算有病，且是可以自我糾正的，視乎一個人的表現是否成熟，這正正與家庭（團體）生活、社交生活掛鈎。根據專家給我的答案，一個人的心理是否正常、健康，就該看他的性格是否完好、智力是否正常、認知是否正確、意志是否合理、態度是否積極、情感是否適當、行為是否恰如其分、適應力是否良好。

我們都知道，人的身體在正常情況下受了輕傷，例如擦傷、刀傷等，倘能給予適當照顧，例如休息，傷勢是會自己癒合的。心理狀態都是一樣，例如自卑；當一個人認識了自己，並找出了跟別人格格不入的原因（成長因素等），他便曉得發掘自己的長處並加以栽培，然後獲得滿足感和稱讚（所以對人不要吝嗇讚美），自卑感自然消失。原來，心理健康是可以自療的，所以一定要學懂照鏡。

忙，令人變快樂

全球疫症日趨嚴峻，為了市民安全，政府行使了收緊措施，真是有其必要的。你一旦出事了，怪誰去？因為日日坐困愁城，跟存在主義大師卡繆於一九四七年出版的小説《瘟疫》（*The Plague*）十分相似，看不到出口，人在恐慌、無助之下產生憂鬱、悲觀情緒是可以理解的，特別對一些餐搵餐食餐餐清的人而言，工停手停等於口停。怎麼辦？

對一些日日上美容院、逛街購物打麻將、晚晚吃喝的有閒階級而言，一下子全部「停工」，也是挺難受的。天天百無聊賴，怎麼辦？這，也是會產生負面情緒的。講來講去，人一定要自救，才能走出黑暗的隧道。

這個自救就是讓自己的生活無中生有，從來不愛做家務的你，就趁這個空檔執拾一下家居，洗廁所、掃地、抹傢俬重新換個位置，在某個角落放一盆鮮花，一定要是新鮮的，不要塑膠，總之不要假的。風水先生説假花草會壞了家居風水，猶如開門見廁，一樣不可取。

擁抱憂鬱擁抱生命

忙，是活得真實的表現。為了好好珍惜生命，我們應該讓這種「忙」，變成一種從容享受，而不是一種掙扎求存。

日前，新聞報道有人忽然暈倒，送到醫院後已經死亡，經檢測結果對新冠肺炎呈陽性反應。這個病毒可怕之處，是染病的人沒有病徵，説一命嗚呼就一命嗚呼了，這也是令許多人惶惶不可終日，並變得歇斯底里的原因。説到底，就是害怕死亡，卻又不能逾越死亡。與其等死，不如積極活在當下，因為當下才是我們可以掌握的。有生必有死，死亡既然這麼神秘又不可預測，然而人又只能活一次，我當然選擇活得暢快、活得開心。有健康有人生目標，不管這目標能否達到，就自然活得暢快。有暢快就有開心，既來之則安之，不要強求，一如浮雲的事物，豈止是富貴？你哪裏還會愁眉苦面呢？哪裏會憂鬱起來呢？與時間競賽與生命擁抱呀！

記得讀小學時，因為母親把我一本有某人粗筆簽名的琴書——以為我已練習完就不再保留——掉棄了，我知道後傷心地哭鬧了一整天。許多年後，母親再問我那簽名是誰的？我竟然記不起那是男還是女、是生還是死。一切都已成了煙雲，但我已經曉得活在當下了。

為自己開闢玫瑰園

小時候常常聽長輩說：「工夫長過命」，意即不要急、慢慢做，這裏的「工夫」即是日常工作。長大了，忽然感到就算是不痛不癢的工作，答應過要完成的，就該抓緊時間完成，因為「今日唔知明日事」，下一分鐘自己是否尚在人間，也是未知之數。縱使你的生命真的流流長，一百年也是太短，你敢擔保你的下半生健健康康，可以一直做你所愛的事嗎？

月前，我在香港華仁書院跟老師們分享自己編寫的第二本利瑪竇著作《利瑪竇的奇妙人生》的緣起與心得。主要原因是十年前寫的第一本，非常不理想，於是跟自己發誓要寫第二本，但形式和內容一定要有令人耳目一新的面貌。拖了這些年，還是未有動筆日期。終於在二〇一八年中決定開工了，給自己時限是二〇二〇年出版。

但我又不是全職作家，還有自己的公司要兼顧和發展，既然動了筆就必須全力以赴。端的是人生苦短，都希望在有生之年做有意義的事。席中，有反應認為我這看法有點灰。我笑答，上天有說過給我們玫瑰園嗎？世界本就是灰的。朱棣文，一九九七年的諾貝爾物理學獎得主，在給哈佛畢業生演講時，便曾說過：

「生命太短，所以不能空手走過。」

精神健康容光煥發

人無遠慮，必有近憂。這些憂慮往往成為壓力，令人產生困擾和抑鬱。若不好好處理、化解，將影響生活甚至變精神病。

近日因公司有點狀況，一位醫生好友問我遇到困難和壓力時如何處理。我回答：我先面對它。然後嘲笑自己：「哈，你都有今日嘞。」這樣避免怨恨和憤怒。接下來跟信任的好友像辦告解一樣講述事件和表達感受。他或她可能不會給實用的意見和幫助，但從他的角度分析問題成因。傾談過程中，別人的聆聽和理解對我而言，是個很好的情緒紓緩。

我常常覺得要保持自我良好的精神健康，建立和維繫有益的人際關係非常重要。不但能建立良好的自我形象而且能增強自信。當感到孤獨有 無路訴時，馬上找個角落靜坐、冥想（祈禱）、深呼吸。甚至哭個痛快。人生苦短，能有一息尚存就是幸福。上天有答應過給我們天天風和日麗陽光普照嗎？

飲食均衡對精神健康很重要。如果白天經常捱餓，會影響情緒和注意力。飲水不足也影響心理健康。理由是如果身體脫水，我們難以集中精力和維持清晰思考。水有助血液流動，幫助清除體內的毒素。當你日日精神爽利自然容光煥發。

缺氧會令人抑鬱

我未用木梳梳頭之前，頭髮無故折斷是常有的事。這個當然拜靜電所賜。

在乾燥的日子，你可能也試過，按電梯掣時有觸電的感覺，就算是金屬門把，一旦觸碰手指就彷彿過電，有觸電感。有些時候，還會有火花。所以，在冬天，按電梯掣前不妨先把手指在牆上摩擦一兩下，把自身的靜電傳到牆上釋出體外。

專家指出，一個人過度疲累，或者長期缺氧，導致體內正電荷過多，一旦稍稍觸碰到金屬，令正電荷被吸走，期間會出現電流，互相碰撞之下，就有靜電反應。長期缺氧的話，不僅容易招惹靜電，亦容易有牙周病，理由是靜電的吸附效應，令灰塵污垢容易沾附於牙齒、牙齦上而出現狀況。

缺氧往往是因為工作壓力、生活緊張、缺乏運動、環境污染，當一個人處於缺氧狀態時，總是感到疲倦、胸口發悶、容易抑鬱、記憶力衰退、高血壓……所以，每日有適當的運動讓四肢伸展，例如做家務、走路、拉筋，也可以每隔一段時間在自己的辦公桌範圍，站立舉起雙手，原地提腿踏三至五分鐘，有機會就用手指拉擦耳朵三十下。此外，在每晚臨睡前梳頭，包你天天精神奕奕！

EQ比IQ重要

聽講IQ易得，EQ卻難求。EQ即是明智、做人的智慧。要養生、要長壽健康，EQ不可缺。

缺乏EQ的人都比較心浮氣躁，動不動頤指氣使，拍枱拍凳罵同事。我問醫生，這種性格是否與家教有關？醫生說不，那是一種病態，也是精神病的一種，會是來自工作上的壓力、個人的好勝、嫉妒、自卑等等。這些負面元素，往往會令原來好好的一個人，在職場上變得乞人憎。如果你有足夠的EQ看清人性世態，你會同情這樣的人，因為他／她實在可憐。

我在舊公司也遇過這樣的同事，學歷高、一口漂亮英語，還會講得一點法語，在營銷方面成績很好，上司非常讚賞他。在商業機構裏，一般而言，都是那個為公司賺錢，就那個可以大聲說話；於是我們在辦公室老遠便聽到他得勢不饒人地罵下屬、罵同級的同事，但半年後，公司跟他解約了。其EQ特高的上司有此一着，從此令全公司對他另眼相看，大家更加奮力工作。

正所謂「齊心就事成」，一間公司的成功怎麼可能是一個人的力量，搞到下屬上班如履薄冰，管這上級有三頭六臂，遲早也會把公司搞得聲名狼藉。

你常常罵人？情緒低落？

從前，以為有點憂鬱是件很浪漫的事，尤其是青少年時代，學人寫詩的年代，久不久故作憂鬱，慨歎林花謝了春紅，太匆匆……詩興就會大發。年輕時都愛強説愁，醫生説這不算病態，是年輕人的特徵之一；但到了中年、老年仍然這樣的話，就是不成熟的表現，是病態了。

抑鬱症會令人時常出現悲傷情緒，對一切失去希望和興趣，沒有自信心，對家人、對同事感到易怒和難以忍受，做事猶豫不決，常常擔心和焦慮，有自殺和自殘的傾向，以上都是情緒上的徵狀。

至於生理上的又如何呢？最常見是便秘、走路和説話變得遲緩、食慾不振或體重增加，常有頭痛或背痛，甚至是無法解釋的疼痛，終日沒精打采、月經失調、性慾缺乏、睡眠障礙（失眠或渴睡）。此外，還有感到與家人相處困難，工作上無法有正常表現，不再參與社交活動。

醫生説，如果腦部的血清素、多巴胺等化學物質失去平衡時，都會導致抑鬱症。許多婦女產後感到抑鬱，那是賀爾蒙產生了變化；而甲狀腺低下的患者、更年期前後的婦女，都可能會有情緒低落和抑鬱症。

把霉運送走

有道：「愈窮愈見鬼」，所以，智者提醒我們，有失意時、有行霉運時，就愈要打起精神，保持心境開朗，保持笑容。因為你愈是情緒低落、一蹶不振，霉運就會像吊靴鬼般尾隨不捨。

一位年輕的單親媽媽跟我説，她一向跟她那正在唸小學的兒子關係很差，那是心情使然，所以一開聲她就會發脾氣。然而，這一年來因為疫情，兒子在家學習，她也不用回辦公室工作而是在家上班，兩人相處的時間多了，簡直是朝見口晚見面，對話也就多了起來，也開始互相關心。她笑着説，這是疫情為她帶來的一個收穫。她變得不再怨天尤人，也利用不必外出應酬的時間，仔細思量自己今後的方向、兒子的成長和學業等等。

一日，她對我説，唸小四的兒子拉着她的手説：「媽媽，我終於看到你笑了，我鍾意你笑。」為了讓兒子看到她的「振作」，她重新注意儀容，讓自己煥然一新，不再是一個怨婦。

心情暢快，是為健康把關的一劑良藥。世事總是相對的，此消彼長，疫情未過，你卻先沉淪，不值得。

要向他學習

年輕朋友B是某投資銀行的要員，近日給調派到上海工作去。抵埗後，當然就是因應目前疫症的規矩，必須被隔離十四天，才可正式到公司報到上班。到了隔離酒店的房間，他給嚇得倒抽了一口涼氣。這間酒店屬於零星級，這十四天內，B必須禁足留在房間，三餐皆是塑料飯盒由門縫遞入。

若果換作是我，早已哇的一聲哭了出來呀！況且B本身高薪厚職，一向官仔骨骨，前來公幹而已，卻因為要守法例而毫無選擇地給安排入住這間——他起初在社交圈子形容為「有一種不祥的預感」的，朋友們都急不及待為他打氣。

B真不愧是能屈能伸的漢子，翌日在自己的社交網頁，已經大大隻字寫道：「健康生活由隔離開始：開始把世間煩擾忘記，開始飄飄然地飄，感覺美妙。」他已經可以從容地面對困局，開始對着電腦工作，讓一切如常。

B是個第一眼看見三宅一生的男服系列，即時大叫「好靚呀」的性情中人，但在如此環境可以馬上調整心弦，改變心態，不被它們騷擾，這就是心理健康，養生也該包含了養心。

疫症帶來的啟示

我樂觀，不但因為要覵足一世，而是我自小從父母那裏曉得每件事的發生都有它的因由和意義。每件事都沒有絕對的一刀切，卻都有它的正面和負面。全世界都被疫症搞得翻天覆地，人也好物也好全亂了陣腳。彷彿看不到明天。

一如某位神父在他的一篇道理中所言，我們看到了因為疫症而直接或間接帶來的死亡和病患。也感受到因為疫症而導致親人的遽然離世而產生的悲慟與憂鬱。這些都是壓力。但各位，請緊記，逝者已矣。

作為生者不能長此哀傷下去。世界仍在運行，我們仍得要生活。對親愛的逝者最恰當的懷念就是自我珍重，調整心弦，開心勇敢地活下去。人生雖然苦短卻是一個旅程。在途上有陽光有清泉有遇人不淑……周神父說聰明的人會把過去的悲和喜一併帶着，作為今日的生活錦囊，好好運用，讓自己變得謙虛，不因有點成績而高興過頭，也不因遇到挫敗而一蹶不振。因為前面的路仍舊有陰晴圓缺。各位，這些人生智慧不僅可以為社會帶來和諧氣氛，也能為我們帶來健與美。

鳴謝

封面，是書的靈魂。

在芸芸書海中，你是否會拿起它，就要看封面、標題是否吸引你！

經過和出版社的「腦震盪」後，落實了封面構思，就要找場地。

想有陽光、有朝氣、有活力，還有一大片綠。

實地視察多個地點，總覺得欠了一點點，而且還要去信申請，Deadline 期近，有點着急。

幸好，很感謝老友李華明願意借出漂亮的新居，讓我們拍攝一整天。最奇妙的，是他居住的屋苑，竟然有一大幅漂亮的草牆。所以馬上拜託華明代為申請，非常感謝發展商信和置業營業部集團聯席董事田兆源先生答允使用。

因為要介紹一個增強抵抗力的湯水，其中的食材是白蘿蔔葉。現在是夏天，蘿蔔不當造，怎會有白蘿蔔葉介紹給讀者認識呢？幸好，在大埔南的菜園園主鍾遠秀女士（我們口中的陳太太），馬上電郵多幅白蘿蔔葉的相片給我，讓我得以交差，謝謝啊。

猶在「腦震盪」新書封面時，我的鄰居廚神陳太，已着手構思一頓豐富的午餐給工作人員享用，雖然最終在華明的新居拍攝，無緣享用，但非常感謝陳太經常烹煮美食給我和家人享用。

還有感謝出版社的同事、攝影師和 Jenny 的全力協助，讓這書能順利誕生。

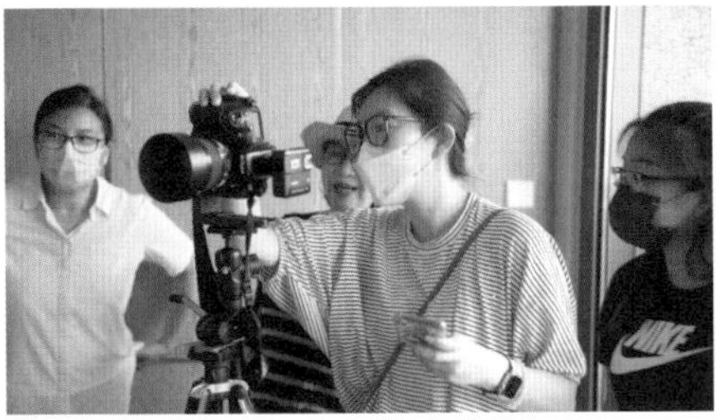

李韡玲的舒壓札記

從滋養心靈至調理身體的養生心得

著者
李韡玲

責任編輯
譚麗琴

裝幀設計
羅美齡

排版
辛紅梅

攝影
梁細權、羅美齡、歐陽珍妮

出版者
萬里機構出版有限公司
香港北角英皇道 499 號北角工業大廈 20 樓
電話：2564 7511　傳真：2565 5539
電郵：info@wanlibk.com
網址：http://www.wanlibk.com
http://www.facebook.com/wanlibk

發行者
香港聯合書刊物流有限公司
香港荃灣德士古道 220-248 號荃灣工業中心 16 樓
電話：2150 2100　傳真：2407 3062
電郵：info@suplogistics.com.hk

承印者
美雅印刷製本有限公司
香港觀塘榮業街 6 號海濱工業大廈 4 樓 A 室

出版日期
二〇二一年七月第一次印刷

規格
32 開（213 mm × 150 mm）

Published and printed in Hong Kong, China.
ISBN 978-962-14-7367-7

鳴謝場地提供：
信和集團
133 Portofino